114일간의 세계 일주

KB082913

114일간의 세계 일주

퀸 빅토리아 크루즈로 지구 한 바퀴를 돌다

이영남 쓰고, 찍고, 엮다

연장통

시작하며

몇 년 전부터 남편과 나는 함부르크(Hamburg) 항구를 출발해 다시 함부르크 항구로 돌아오는 크루즈 세계 일주 여행을 꿈꾸어 왔다. 소위 집 앞에서 시작해 집 앞에서 끝나는 여행인 셈이다. 함부르크는 독일에서 두 번째로 큰 도시요, 유럽에서 두 번째로 큰 항구다. 화물선, 콘테이너 등을 비롯해 크고 작은 크루즈가 오고가는 세계적인 항구다. 오래전 몇몇 크루즈를 탄 경험이 있지만, 3개월 3주 동안 긴 크루즈 여행은 처음이어서 알아볼 것도, 준비할 것도 많았다.

어떤 크루즈를 택해야 할지 몰라 여러 정보와 입소문에 귀를 기울였다. 여행사를 통해 퀸 빅토리아(Queen Victoria) 크루즈를 선택하게 되었는데, 평생 잊지 못할 여행으로 남았으니 후회는 없다. 19세기 말 대영제국 전성기를 이끈 빅토리아 여왕 이름을 딴 퀸 빅토리아 크루즈는 180년 역사를 가진 큐나드 라인(Cunard Line)이 만든 길이 294미터, 넓이 32미터, 9만톤급 호화 유람선으로 2007년에 첫 취항했다.

큐나드 라인은 캐나다의 사업가로 리버풀(Liverpool), 보스턴(Boston), 핼리팩스(Halifax), 퀘벡(Quebec) 등 대서양을 종횡무진하며 바다의 왕이라 불리던 사무엘 큐나드(Samuel Cunard)가 주춧돌을 놓았다. 1914년부터 세계 대전으로 큰 인명피해가 나면서 어려움을 겪었으나, 1934년 '타이타닉'으로 유명한 '화이트 스타 라인(White Star Line)'을 합병 인수하면서 '큐나드 화이트 라인'으로 새출발했다. 그 무렵 길이

310미터, 넓이 36미터, 8만톤급 퀸 메리(Queen Mary)가 세계에서 가장 큰 배였는데, 그 보다 더 큰 퀸 엘리자베스(Queen Elisabeth)를 만들기도 했다. 그 뒤 항공기 발달로 사업이 하향세로 치닫자 '크루즈 유람선 해운사' 로 전환했다.

큐나드 크루즈는 5성 호텔급 호화 유람선으로 손꼽히며, 특히 유럽 관광객들이 선호하는 크루즈로 유명하다. '크루즈의 여왕', '바다의 여왕' 으로 불리는 세 대의 크루즈 퀸 메리II, 퀸 엘리자베스, 퀸 빅토리아가 세계를 누비고 있다. 이 배들은 연통이 빨간색과 검정색으로 동일한 특징이 있어 금방 알아볼 수 있다.

114일간, 함부르크를 출발해 대서양, 태평양, 인도양을 횡단한 뒤 다시 함부르크로 돌아왔다. 횡단하는 동안 파나마해협을 지났고, 적도를 세 번이나 통과했으며, 날짜변경선을 지났다. 유럽을 시작으로 아메리카, 오세아니아, 아시아, 아프리카 대륙을 밟은 뒤 다시 유럽으로 돌아왔다. 3대양을 항해해 24개 국가, 40개 항구, 28개 유네스코 세계문화유산을 지나온 약 38,434해양마일(Sea Mail, 약 70,000Km)의 길고 긴 뱃길이었다. 지도상으로나 보아왔던 지구를 실제로 밟아 볼 수 있었던 행운이었다. 영원히 잊지 못할 여행이었다.

아, 바다, 바다 또 바다! 4일, 6일, 길게는 1주일을 바다만, 바다만 보았다. 망망대해 한가운데서 만나는 거칠것 없는 해돋이와 석양은 신비로웠다. 밤이면 은가루를 뿌려놓은 듯, 반짝이는 별들을 보면서 눈시울이 뜨거워지기도 했다. 항구에 도착해 그 나라를 여행하면서 많은 이야기를 만들었다. 그 이야기들을 소소하게 기록했다. 다소

주관적이고 협소하며 개인적인 이야기일 수도 있으나, 처음으로
크루즈 세계 여행을 꿈꾸는 사람들에게 남다른 정보가 될 수
있으리라.

퀸 빅토리아 크루즈와 함께 길고 긴 항해를 마치고 무사히 돌아온
우리에게 함부르크 항구가 손을 흔들어 주었다. 애달프게 기다린
어머니처럼 따스하게 맞이해 주었다.

한국에서 산 날보다 더 오래 산 이 곳, 제2의 고향 함부르크는 이제
나에겐 가장 소중한 곳이다. 낯익은 아이들 목소리가 들린다. 온
가족이 다시 무사히 만날 수 있으니 감사할 따름이다.

살며시 눈을 감는다. 눈을 감으면 선명하게 바다가 보인다. 해가 뜨고
지고, 고래가 헤엄치고, 파도가 일렁인다. 일년이 지났음에도 여전히
생생하다.

참, 아름다운 여행이었다.

퀸 엘리자베스, 퀸 메리 II, 퀸 빅토리아.

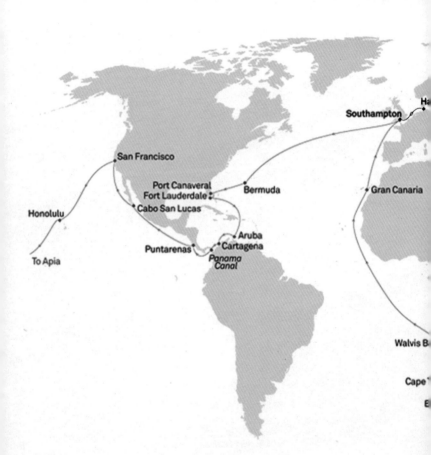

3대양, 24개 국가, 40개 항구, 28개 유네스코 세계문화유산을 지나온 38,434해양마일(Sea Mail, 약 70,000Km) 뱃길.

Hong Kong

Hue or Da Nang
Nha Trang
Ho Chi Minh City

Colombo

Malacca
Singapore

Seychelles

Bali

Darwin

Mauritius
Réunion

Whitsunday Island

Brisbane

Sydney

Auckland

From Honolulu

Apia

Tonga

Bay of
Islands

Tauranga

차례

시작하며

1-25일, 독일 함부르크-코스타리카 푼타레나스

2019년 1월 7일, 월요일

마지막으로 집안을 정리한 뒤, 여행 가방 여섯 개를 실을 수 있는 큰 택시를 불렀다. 우리 집과 가까운 거리에 있는 함부르크 그랜드 엘리제 호텔(Grand Elysée Hotel)로 향했다. 그곳에서 크루즈 측이 세계 여행자들을 위한 전야 환영 파티를 열었다. 호텔 방을 배정받은 뒤, 만찬에 참석했다. 화려한 옷을 입은 사람들로 꽉 찬 만찬장은 와자지껄했다. 약 2시간에 걸쳐 식사를 하는 동안, 피아노 연주, 노래, 원맨쇼 등 다채로운 프로그램이 진행되었다. 선장의 환영인사와 함께 간단한 여행 정보가 스크린을 통해 비춰졌다. 다들 먹고 마시고 웃고 즐거워했다. 약 1년 반 전부터 준비해 온 세계 일주 여행이 실제로 시작되는 순간이었다. 호텔방으로 돌아와서도 흥분이 가라앉지 않아 한동안 이리저리 뒤척였다. 앞으로 길고 긴 시간 바다를 항해하겠지. 가슴이 뛰었다. 항공기가 없던 옛날, 세상을 향해 출발하던 배에 오른 선원들의 마음도 이러했을까. 이리저리 들썩이다 겨우 잠자리에 들었다.

2019년 1월 8일, 화요일

아침 식사를 마친 뒤, 버스를 타고 배가 정박해 있는 스타인베르더(Steinwerder)로 향했다. 아직은 겨울이어서 창밖의 나무들이 앙상하게 빈 가지로 서 있지만, 우리가 돌아올 때쯤에는 파란 잎을 나풀대며 반겨주리라 상상하면서 사진을 찍었다. 퀸 빅토리아 크루즈가 저 멀리서 우리를 기다리고 있었다. 크루즈 입구에는 이미 많은 승객들이 줄지어 서 있었다. 차례를 기다려 입항 준비를 마친 뒤, 캐빈 8층 8127호로 향했다. 약 8평(26제곱미터) 크기의 방이다. 더블침대가 있고 화장실과 샤워실도 넓고 좋다. 누워서도 바다가 보이고, 넓은 발코니도 있다.

나는 여행하는 동안 바다가 보이는 발코니에 앉아 책을 읽고 또 읽으리라 꿈꾸었기 때문에 가방 하나에는 책만 챙겨왔다. 여섯 개 가방 중에 책만 들어 있는 가방이 가장 무거웠다. 그 꿈을 실현할 발코니가 있다는 것이 무엇보다도 마음에 들었다. 함부르크의 랜드마크인 엘베필하모니(Elbphilharmonie)가 저 멀리 보인다. 눈에 익은 전경인데 곧 멀어질 것이다.

짐을 정리한 뒤, 배 안을 돌아보았다. 호화로움에 놀라며 사진을 찍어 아이들과 친구들에게 보냈다. 어둠이 내린 엘베강 가의 풍경이 눈에 들어왔다.

저녁 8시경, 하나 둘 불이 켜지면서 항구도 배도 오색찬란한 빛을 발했다. 고동을 울리며 서서히 우리 배가 세계를 향해 움직이기 시작했다. 45년이나 살아온 함부르크, 제2의 고향 함부르크, 점점 멀어져 가는 함부르크를 바라보면서, 그 옛날 이곳에 첫발을 내디뎠던 때가 새삼 떠올랐다. 그 어렵던 날들이 영화 장면처럼 스쳐갔다. 안녕, 함부르크! 아이들아 그리고 친구들아 잘 있어!

어느새 함부르크가 시야에서 사라지고 어둠이 깔린 엘베강에 배의 엔진 소리만 들렸다.

저녁 식사 시간은 오후 여섯시 반과 여덟시 반으로 나뉘어져 있는데,

승선 수속 중인 승객들.
캐빈 8층 8127호.

엘베필하모니.
세계를 향해 출항하는 퀸 빅토리아.

우리는 여덟시 반에 식사했다. 브리타니아(Britannia) 주식당 399번 식탁으로 안내해 준 웨이터들은 멋진 유니폼을 입었다. 그들은 환영인사며 손님을 맞는 행동까지 우아했다. 여기저기서 클래식 음악 연주, 춤, 라이브 연주 등 공연과 파티가 어우러지는 화려한 밤이 펼쳐졌다. 크고 화려한 극장에서는 멋진 공연이 펼쳐졌다. 복잡함을 피하기 위해 두 파트로 나누기까지 했다. 듣기만 하던 크루즈의 화려한 문화 프로그램을 직접 경험한 첫날 밤은 흥분으로 가득했다. 어느새 남편은 잠에 빠졌는지 묻는 말에 대답이 없다.

2019년 1월 9일, 수요일

영국 사우샘프턴(Southampton)으로 향했다. 선장의 말대로 배가 많이 흔들린다. 이렇게 큰 배가 바람에 흔들리다니, 바람의 위력에 놀라지 않을 수 없다.

배의 모든 안내방송은 영어다. 유일한 독일어 안내방송은 정오에 잠깐 이것저것 설명하는 것뿐이다. 나처럼 영어가 서툰 사람은 불편할 수밖에 없다.

아침 식사를 마친 뒤 배의 구조를 보기 위해 이곳저곳을 돌아보았다. 놀라고, 놀라도 끝이 없다. 호화로운 내부 장식에 감탄이 절로 나왔다. 승객은 약 2,000여 명, 선장과 직원 약 1,000여 명, 이렇게 약 3,000여 명이 이 배에 타고 있다고 했다. 복층으로 된 브리타니아 주식당을 비롯해 여러 식당이 있는데, 스테이크 하우스(Steakhouse)같이 개별적으로 돈을 지불하고 이용하는 고급 식당도 있었다. 대형 극장,

카지노, 바, 대형 공연장, 크고 작은 세미나 방, 수영장 두 개, 휘트니스센터, 사우나, 상점 등 여행자들을 위한 갖가지 최고 시설도 갖추고 있었다. 스포츠를 즐기는 공간, 어린이를 위한 놀이터, 자유롭게 이용 가능한 넓은 공간 등 편리하고 유용한 시설뿐만 아니라 다양한 문화 프로그램을 운영해 하루 종일 지루할 틈이 없어 보였다. 이 크루즈의 모토가 '최상의 친절'이라고 하는데, 손님 두 명에 직원 한 명 꼴로 베풀어지는 여러 서비스는 그야말로 '최상의 친절' 그 자체였다. 바다 위를 떠다니는 거대한 5성급 호텔이라는 말을 실감했다.

여행 시작 전, 크루즈 쪽에서 여행 프로그램 및 여러 정보를 담은 책자를 보내왔다. 우리 배가 도착할 항구와 여행지에 대한 정보, 도착 시간과 출발 시간, 그날그날의 저녁 축제와 의상에 대한 정보 등이 적혀 있었다. 세계 지리를 공부하듯, 앞으로 도착 할 곳에 대해 몰랐던 것들을 알아가는 재미가 쏠쏠했다.

내가 살고 있는 지구, 내가 돌아볼 나라와 도시를 살펴보자고, 지난해 한국에 갔을 때 구입한 영어로 된 세계지도, 한국어로 된 세계지도를 비롯해 여행 가이드 책 등 참고가 될 만한 것들을 한 짐 들고 왔다. 양쪽에 지도를 펼쳐놓고 우리가 갈 코스에 동그라미를 쳐가며 다양한 정보를 살폈다. 남편과 함께 보기 위해 영어로 된 세계 지도는 벽면에 붙여놓았다.

크루즈에서 제공한 여러 가지 정보 중 나의 관심을 끌었던 것은 갖가지 축제와 파티 그리고 그에 맞는 의상에 대한 정보였다. 저녁

여섯시부터 시작되는 파티에 참석하자면 여자는 드레스나 칵테일 옷을 입고, 남자는 양복을 입고 타이를 매야 한다고 쓰여 있었다. 매일 정장을 입는 것이 거추장스러울 것 같지만, 사실 분위기는 좋아진다. 저녁마다 전식, 메인 식사, 후식 등 화려한 만찬이 마련되는데, 그 분위기에 맞는 의상은 오히려 기분을 근사하게 하고, 서먹서먹한 사람들을 하나로 소통하게 할 것이다.

저녁 식사 뒤엔 중앙홀에서 라이브 음악에 맞춰 춤을 추거나, 다른 홀에서 각자 취향에 맞는 클라식, 재즈, 디스코 등을 즐기며 시간을 보냈다.

오늘 저녁 쇼에는 '원 웨이 오어 어나더(One Way or Another)'가 출연했는데, 멋진 의상과 강열한 춤으로 관객들을 사로잡았다.

3층으로 된 대형 극장은 약 500여 명을 수용할 수 있다. 최상급 테크닉을 갖추었으며, 매일 저녁 일류급 예술가들이 출연한다. 배 안에 이렇게 훌륭한 극장이 있다는 것과 매일 저녁 훌륭한 공연을 볼 수 있다는 것에 감탄했다. 흐뭇해진 우리는 마주보며 잘 선택한 여행이라고 서로 칭찬하기에 바빴다.

선장의 말대로 배가 흔들리니 제대로 걸을 수가 없었다. 모두들 뒤뚱뒤뚱했다. 그러면서도 모든 것이 처음이어서 흥미롭고, 호기심을 불러일으키고, 재미있었다. 발코니에 나가니 어두운 바다에 하얗게 부서지는 파도만 보일 뿐 모두가 까맣게 덮였다. 첫 밤이 저물어 가고 있었다. 바람소리만이 쉐쉐 들렸다.

여왕홀(Queens Room).

그랜드 로비(Grand Lobby).

리도 레스토랑(Lido Restaurant).

파빌리온 풀(Pavilion Pool).

엠파이어 카지노(Empire Casino),
대극장(Royal Court Theatre).

2019년 1월 10일, 목요일, 맑음

어제 저녁 선장의 말대로 여전히 배가 많이 흔들렸다. 대서양(Atlantic Ocean)은 남성 기질로 바람이 세고 파도가 높으며 온도도 낮아 물색이 검푸르다고 한다. 반대로 태평양(Pacific Ocean)은 여성 기질로 바람도 세지 않고 온화해 파도가 잔잔하며 물색도 맑고 푸르다고 한다. 남성 기질을 가진 대서양을 건너 첫 항구인 영국 사우샘프턴에 도착했다. 영국 남쪽 해변가에 있는 사우샘프턴은 매우 중요한 항구 도시다. 1907년에 화이트 스타 라인이, 1919년에 큐나드 라인이 이곳으로 옮겨오면서 관광객이 많아져 유럽 크루즈 여행 중심부가 되었다. 무엇보다 이 도시가 유명해진 것은 타이태닉호(Titanic) 때문이었다. 1912년 4월 15일, 불운의 배이자 슬픈 운명의 배인 타이태닉호가 이 항구를 떠나 미국 뉴욕으로 가다가 침몰했다. 이곳에는 타이태닉 박물관이 있다. 기록을 보면 타이태닉호에서 일한 사람들 중 상당수가 사우샘프턴에 사는 사람들이었다. 타이태닉호의 침몰은 곧 이 도시의 불행이었다. 타이태닉박물관을 돌아보는 동안 한국의 세월호 침몰 사고가 떠올랐다. 고통스럽게 죽어 간 사람들과 그 가족들을 위한 위로의 마음을 보내며 깊이 고개를 숙였다.

사우샘프턴에서 한국 식당을 발견하자 횡재를 만난 것 같았다. 순두부와 해물우동을 주문했다. 겨우 집을 떠난 지 이틀밖에 되지 않는데 김치를 보자 어쩌나 반가웠는지 모른다. 허겁지겁 먹는 모습을 보고 남편은 '당신은 내가 없어도 잘 살겠지만, 아마도 김치가 없으면 못 살거야' 라고 했다. 남편의 말이 맞을지도 모른다. 한식을 먹고 나서 기분 좋게 시내를 둘러보았다.

사우샘프턴 항구를 떠나면서 9층 갑판에서는 파티가 열렸다. 라이브 음악과 함께 와인을 따르고, 샴페인을 터트리면서 이별 파티가 한창이었다. 펑펑 큰 소리를 내며 터지는 불꽃놀이가 하늘을 아름답게 수놓았다. 다음 목적지에 무사히 도착할 것을 빌면서 사우샘프턴 항구를 떠났다. 가까이 정박해 있던 퀸 엘리자베스가 또 만나자면서 우리 배, 퀸 빅토리아를 향해 손을 흔든다. 이곳을 출발해 두 크루즈는 서로 다른 루트로 세계를 여행하고 다시 이곳에서 만나게 된다. 어느덧 네온사인이 멀어지고 파도 소리가 캄캄한 바다를 가른다. 하늘엔 총총히 별들이 빛난다. 오늘부터 버뮤다(Bermuda)의 해밀턴(Hamilton)으로 장장 6일간 쉼 없는 항해가 시작된다.

2019년 1월 11일, 금요일

눈을 뜨니 아직도 해가 뜨지 않았는지 밖이 어두웠다. 7시다. 깜짝 놀라 커튼을 여니 구름 덮인 하늘과 햇빛 없는 바다가 몸을 움츠리게 했다. 6일간 배에서 내릴 계획이 없으니 늦잠을 자도 되고, 하루 종일 침대에 누워 있어도 괜찮다. 마음도 편하고 여유가 있어 좋았다.

침대에 누워 어제 저녁에 나누어 준 프로그램을 살펴보았다. 지루할 틈 없게 많은 프로그램을 제공해 원한다면 배 안에서도 매우 바쁠 수 있겠다. 강연회, 영화 상영, 음악 감상회, 술 테스트, 스포츠, 사우나, 마사지 등 저마다 관심에 따라 시간을 보낼 수 있으니.

크루즈 여행을 계획하면서 나는 여러 속박에서 벗어나고 싶었다. 어떤

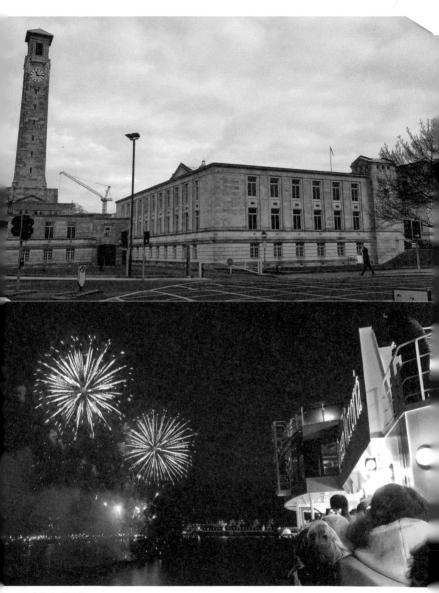

타이태닉 박물관.
사우샘프턴 항구를 떠나며 본 불꽃놀이.

이유로도 바빠지고 싶지 않았고, 책임감으로 나를 속박하고 싶지
않았고, 약속으로 헐레벌떡 시간을 조정하고 싶지 않았다. 나를
옥죄는 일상생활에서 벗어나 생각과 마음이 평온한 상태에서 지나온
나의 삶을 되돌아보고 싶었다. 몇 해 전, 나의 육체며 정신을 모질고
아프게 했던 일들을 저 바다에 던져 버리고 새 출발하리라 기대했다.
일기 쓰기, 공상하기 등을 하며 저 망망대해와 친구가 되고, 별이
빛나는 저 하늘과 친구가 되리라. 큐나드에서 준 선물, 일기 공책에
하루하루 일과를 쓰기로 했다. 여행이 끝나면 일기와 함께 사진도
넣은 책 한 권을 만들 수 있으리라.

마음껏 책도 읽고 싶었다. 한 가방 챙겨 온 독일어 책, 한국어 책 중
조정래 작가의 『황토』를 끄집어냈다. 바다가 보이는 발코니로 나가
누운 자세로 책을 보았다. 하얗게 부서지는 파도도 보았다. 기쁨과
감사에 눈물이 고였다.

밥 먹으러 가자는 남편 목소리에 돌아보니, 멋진 강연을 듣고
왔다면서 함께하지 못한 것을 아쉬워했다. 대부분 영어 강연이다 보니
알아들을 수 없어 직접 듣지 못하고, 남편을 통해 강연 내용을
얻어들어야 하는 나도 아쉬웠다.

어느덧 해가 지려는지 수평선 너머 하늘이 붉은색이었다. 거울 앞에
앉아 토닥토닥 화장을 했다. 어떤 옷을 입을까? 어떤 구두를 신을까?
우리는 서로 멋지다고 칭찬하면서 만찬장으로 향했다.

오늘도 멋진 쇼를 감상하고 잠자리에 든다.

2019년 1월 12일, 토요일, 흐림

옆에서 자는 남편 소리에 깼는지, 아니면 엔진 소리에 깼는지, 일어나 시계를 보니 4시 30분이었다. 밖이 궁금해 커튼을 여니 바람 소리인지, 파도 소리인지 어둠 속에서 쉐쉐 소리가 들렸다. 억지로 다시 잠을 청했다.

아침, 식당 리도(Lido)에는 사람들이 많았다. 빙 둘러보니 여러 가지 음식들이 수북했다. 모자라면 채우고, 채우면 가져갔다. 모두들 접시를 채우기 바빴다. 지구 어디선가는 먹을 것이 없어서 죽어가는 사람들이 있는데, 여기서는 넘쳐나는 음식 중에 뭘 먹을지 고민하고, 또 뚱뚱해질까 봐 고민한다. 세상은 공평하다고 하는데, 그렇지 않은 것 같다. 잠시 마음에 가책도 느끼지만, 맛있는 음식을 그냥 지나칠 수 있는가. 접시 가득 들고 온 음식들을 눈 깜짝 할 사이에 비우고 또 한 번 갈까 말까 망설였다. 적게 먹자고 다짐하지만 맛있는 음식 앞에선 늘 다짐과 싸우게 된다.

저녁에는 선장이 주최하는 특별 파티인 검은색과 흰색 무도회(Black and White Ball)가 있었다. 검은색과 흰색 옷을 입어야 했다. 세계 일주 여행자들만 초대하는 첫 파티다. 이번 크루즈 여행자 중 세계 일주 여행자는 약 800여 명인데, 두 파트로 나뉘어 초대되었다. 흥미롭고 기념될 만한 이벤트였다.

정각에 중앙무도회장에 가니 입구에 많은 사람들이 줄지어 서 있었다. 헬라(Hella) 선장과 악수를 하고 사진을 찍은 다음, 만찬장으로 들어서자 멋진 유니폼을 입은 웨이터들이 샴페인, 와인, 칵테일 등

검은색과 흰색 무도회.

어느 장소에서든 눈길을 끄는 한복.

각종 음료수를 권했다. 양쪽으로 차려진 화려한 뷔페 테이블에는 세상 귀하다는 음식은 다 모였다. 카비아 캐비아(Karvia caviar), 허머 바닷가재(Hummer lobster), 가넬른 새우(Ganelen prawn), 제이콥스 홍합(Jacobs muessel), 양고기 등 고급 음식이라는 음식은 다 있고, 갖가지 후식 등 입맛을 돋우는 먹거리들이 가득했다. 그뿐만이 아니었다. 참석한 사람들의 의상 또한 절로 감탄사가 나올 만큼 화려했다. 멋진 드레스를 입은 여자들과 스모킹(Smocking)을 입은 남자들이 홀 안을 가득 메웠다.

이렇게 특별한 자리라면 나는 오히려 드레스보다 한복을 입는다. 한국의 전통 의상인 한복은 디자인도 색도 화려하기 때문에 어떤 장소에서든 눈길을 끈다. 덕분에 한국의 옷을 알리는 기회도 되니 나는 기꺼이 한복을 입는다. 검은색과 흰색 무도회에 맞게 크림색 바탕에 남색 고름을 단 내 한복은 여러 색 꽃무늬가 잔잔하게 수 놓아져 있어서 은근하면서도 화려하다. 단연 많은 사람들 눈길을 끌었고, 가장 아름답다는 찬사를 받았다. 옆에서 사진을 찍느라 남편이 바빴다.

선장의 환영인사, 직원들 소개 등이 있은 뒤 음악과 함께 음식의 향연이 약 30분간 진행되었다. 그 뒤로 특별한 저녁 식사가 시작되었다. 하얀 유니폼을 입은 웨이터들이 한 사람 한 사람 환영하면서 각자의 자리로 안내했다. 평일과 다른 고급 메뉴로 전식, 메인, 후식, 커피와 케이크 등이 이어졌다. 참석자들의 식성을 다 파악해 만든 듯 아주 다양하고 맛있고 멋지다. 천천히 음식 맛을 음미하면서 분위기에 맞춰 먹었다. 사실 이렇게 격조 있는 분위기는 부담스러워 좋아하지 않지만, 나름대로 음미해 보는 것도 이 여행의 포인트가 아닐까 해서 받아들이고 즐겼다.

중앙 무도회장에서는 많은 커플들이 음악에 맞춰 춤을 추었다. 한쪽에서는 오늘 무도회에 맞는 가장 멋진 옷을 입은 사람을 선발했다. 그렇게 무도회는 무르익어 갔다. 극장에서는 필립 브라운(Philip Browne)의 쇼가 펼쳐졌다. 훌륭한 목소리를 가진 이 사람은 여러 뮤지컬에도 출연하는 베테랑이다. 화려한 저녁 파티에 감탄하면서 우리는 천천히 방으로 돌아왔다.

이번 세계 일주 여행 참가자는 영국인이 1101명으로 가장 많고, 독일인이 233명, 미국인이 170명이라고 한다.

2019년 1월 13일, 일요일, 흐림

우리 배가 버뮤다의 해밀턴으로 향한 지 3일째 되는 날이다. 아직도 대서양은 우리에게 충분한 햇빛을 주지 않는다. 우리는 아침 식사 전에 운동을 하기로 했다. 남편은 수영을 하기로 했고, 나는 3층 갑판을 걷기로 했다. 3층 갑판은 걷거나 달릴 수 있도록 장애물이 없고 가벼운 운동을 하는 데 좋았다. 이곳을 크게 다섯 바퀴를 돌면 약 3킬로미터 정도다.

오늘은 일요일이라 오전 10시에 극장에서 선장이 주관하는 예배가 있었다. 영어로 진행되어서 잘 이해는 못 하지만 예배를 드릴 수 있다는 것만으로도 그저 기쁘고 감사할 따름이다. 시간 맞춰 가보니

놀랍게도 많은 사람들이 모여 있었다. 여행이란 미지의 세계를
모험하기에 가슴속 어딘가에 불안이 자리 잡기 마련이다. 하루하루
맞이하는 새로움에 호기심을 갖기도 하지만 한편으로는 불안하고
걱정된다. 당연한 인간 심리다. 마음의 안정과 무사함을 빌기 위해
많은 사람들이 예배에 참석하는 모양이다. 나는 사랑하는 가족 그리고
암과 투쟁하는 친구 조(Jo)와 크리스틴(Christine)을 위해 기도했다.

2019년 1월 14일, 월요일, 흐림

친구 순엽이가 생각났다. 여행 떠나기 전 순엽이를 만나 약속한 것이
하나 있었다. 월요일마다 오전 9시에 서로를 위해 기도하는 것이다.
월요일이 아니라도 수시로 생각나면 기도하겠지만, 누군가 나를 위해
기도해 주는 사람이 있다는 것은 얼마나 기쁘고 감사한 일인가. 나
또한 누군가를 위해 기도한다는 것은 얼마나 뿌듯한 일인가. 순엽이는
내가 어렵고 힘들어 쓰러졌을 때 곁에서 기도해 주었던 진정한
친구다. 길고 긴 아픔의 터널을 헤매고 있을 때 위로해 준 친구, 내가
흘린 눈물만큼이나 많은 눈물을 흘린 친구다. 진정 '친구'라고 부를 수
있는 사람을 한 명이라도 가졌다면 행복한 사람이라고 한다. 순엽이가
있어서 나는 행복한 사람이다. 친구를 위한 기도로 시작하는 월요일,
날은 흐리지만 마음은 더욱 경건해졌다.

오후에는 이틀 뒤에 도착할 항구, 버뮤다 해밀턴에 대한 여행 정보를
들었다. 벌써 집을 떠난 지 1주일이 되었다. 바다만 바다만 보면서
항해한 날도 어느덧 5일째다. 어디쯤 가고 있을까. 지도를 펼쳐 놓고

살펴보았다.

장장 6일간을 항해한 뒤에 밟아 보는 땅은 어떤 느낌일까.

2019년 1월 15일, 화요일, 햇빛

바다 저 멀리 하늘이 붉게 물들었다. 온 천지를 밝히며 해가 솟아오르고, 새날이 시작되었다. 바다도 붉다. 이 아름다운 순간을 놓칠세라 해가 돋는 순간순간을 사진에 담았다.

커피 한 잔을 마시며 성경을 읽었다. "사십일을 지나서 노아가 그 방주에 지은 창을 열고…" 창세기 8장 6절 '노아의 방주'에 대한 이야기다. 길고 긴 시간 동안 어디가 어딘지 모를 캄캄한 어둠 속에서 지내본 적이 있는가? 살다 보면 슬프고 힘겨운 난관에 부딪힐 때가 있다. 사면이 꽉 막히고 희망 한 점 없는 절망의 시간 속에서 갑자기 혼자가 되어 외로움에 몸부림칠 때가 있다. 그러던 어느 날 창문 틈으로 스며든 한 줄기 빛은 온전히 희망이 된다. 희망은 고통을 참고 견뎌낸 의지를 위로하면서 밝게 번져나간다. 이윽고 환한 세상이 된다. 믿음이 강한 노아가 방주를 열고 나온 것처럼, 세상은 다시 희망차다. 하나님은 한시도 나를 떠난 적 없이, 나를 지킨다는 것을 믿는다. 힘들고 슬프고 어려울 때마다 이 믿음을 되새기면서 참고 견뎌왔다. 앞으로도 이 믿음을 가슴에 새기며 살아야 하리라. 찬바람 거세게 불고 파도 높게 일어도 믿고 의지하면 마음이 편하다. 아픔의 길을 함께 걸어온 사람들에게 마음속으로 고마운 인사를 전했다. 나는 파독 간호사다. 한국의 고향을 떠나 머나먼 나라 독일에서 산 지

45년이다. 지도에서 보면 한국과 독일은 전혀 다른 대륙에 있는 나라인데, 어떻게 내 인생이 독일에서 펼쳐져 현재까지 왔을까. 참, 인생은 알 수 없다. 지도에서나 보던 세계를 이렇게 크고 화려한 배를 타고 직접 돌아 볼 수 있다는 것 또한 마찬가지다. 하나의 큰 경험이고, 잊지 못할 추억이고, 큰 배움이다.

이번 세계 일주 여행자 중에 아시아인은 일본인 부부 한 쌍과 나 뿐이다. 여권상으로는 독일인이지만 출생은 한국인이니, 한국인으로는 유일하다. 우리 배에는 짧게 여행하는 일본 승객을 위한 일본인 안내인이 있었는데 한국인 3세였다. 우연히 알게 되어 만나면 반갑게 한국말로 대화했다. 친절한 그녀는 자신의 조부모가 일본으로 가게 된 옛이야기들을 들려 주었다. 한국의 파독 간호사나 광부의 역사와는 사뭇 다르지만, 가난하던 시절 조국을 떠난 이야기들은 늘 애잔하기만 하다. 그녀는 내가 크루즈로 세계 일주 여행하는 첫 번째 한국인이라고 했다. 깜짝 놀랄 수밖에. 한국인의 눈으로, 또한 독일인의 눈으로 보는 세계 일주 여행을 세세하고 흥미롭게 기록해야겠다.

2019년 1월 16일, 수요일, 햇빛

어제는 남편에게 잘 자라는 인사조차 못하고 잠에 빠져 버렸다. 아침 7시, 푹 자고 나니 개운했다. 서둘러 옷을 찾아 입고 3층 갑판으로 나갔다. 어둠이 다 걷히지 않은 바다 위로 찬바람이 쉐쉐 지나갔다. 운동하는 사람들이 내 옆을 휙휙 지나갔다. 뛰는 사람도 있고, 손을 수평선과 무지개.

잡고 걷는 사람도 있고, 또 아침 바다를 구경하는 사람도 있었다.

수평선 저 멀리 해가 구름 사이로 얼굴을 내밀었다. 바다 위를 비치는 햇빛이 눈부셨다. 배가 지나가는 길로 물줄기가 하얗게 거품을 내면서 부서졌다. 길게 길게 바다를 가르고 있었다.

땀에 젖은 셔츠를 벗고 시원하게 샤워를 했다. 새아침 새날이 시작되었다. 약을 입에 털어 넣고 감사기도로 아침 식탁 앞에 앉았다. 아침 10시에 미국의 포트 라우더델(Fort Lauderdel)에 대한 여행 정보를 들었다. 여러 방향의 여행 코스가 화면에 비쳐졌다. 안내인의 설명에 잔뜩 호기심이 발동했다. 너무 아름다운 곳이다.

오늘은 배의 가장 위쪽 앞면에 있는 코모도레 클럽(Komodore Club)에서 책을 읽었다. 온 바다가 한눈에 보이는 경치 좋은 방인데다 조용히 책을 읽는 사람들이 많다. 바다를 쳐다보면서 책을 읽는다는 것 하나만으로도 나는 행복하다.

조정래 작가의 『불놀이』는 글 표현 자체가 온통 불이다.

바다 위로 햇빛이 비추인다. 오늘의 바다는 바람이 세지 않아 마치 음악에 맞춰 춤을 추듯 가볍게 출렁인다. 책을 읽다가, 바다를 보다가, 눈을 감고 상상의 세계로 떠난다.

강연을 듣고 온 남편은 명강연이라고 칭찬하며 좋아했다. 병원을 개업한 뒤로 31년간 열심히 일만 한 남편에게 평화로운 쉼이 필요하다고 생각했다. 남편이 이 여행에 만족하고 건강도 좋아지니 얼마나 다행인지 모른다. 남편과 함께 운동도 하고 책도 읽는 시간이 참 평화롭다.

오후에는 세계적인 록그룹 퀸(Queen)의 보컬, 프레디 머큐리(Freddie Mercury)의 삶을 그린 영화 〈보헤미안 랩소디(Bohemian Rhapsody)〉를 보았다. 안타깝게도 에이즈로 일찍 생을 마감한 젊은 프레디 머큐리. 당찬 그의 목소리는 영원히 기억될 노래로 우리 곁에 남아 있다. 가슴을 후벼내듯 4옥타브를 넘나드는 기이한 목소리는 호소력이 강하고, 감히 누구도 흉내낼 수 없다. 노래도 그렇지만 무대 위에서의 그는 화려하고 폭발적이다. 지금도 그의 노래가 나오면 눈을 감고 들어야 할 만큼 강한 이미지다. 영화는 감동적이었다. 그의 생애를 극적으로 그려내면서도 이러저러하게 재미난 일화들이 가슴을 따뜻하게 했다. 이미 전 세계 사람들이 이 영화를 보고서 울고불고 떠들썩하다 하는데, 충분히 그럴 만했다. 프레디 머큐리를 연기한 배우는 어쩜 그렇게 고스란히 프레디 머큐리를 모사하는지 그가 살아 있는 듯했다. 퀸의 다른 멤버들을 연기한 배우들도 마찬가지였는데, 그 생생함이 퀸의 역사를 재치있게 그려냈다.

영화를 보고 나서는 어제 여행 일기를 썼다. 그리고 전송받은 사진과 동영상으로 손녀들의 재롱을 보았다. 볼 때마다 행복해져서 하루에도 몇 번씩 본다. 아이들이 그새 많이 컸다. 할머니, 할아버지의 행복이 이런 것인가 보다.

2019년 1월 17일, 목요일, 맑음

이른 아침부터 마음까지 급해진다. 오랜만에 보게 될 육지, 버뮤다 항구는 어떤 모습일까? 장장 6일을 바다만, 바다만 보고 왔기에 육지가 어떻게 느껴질까 하는 호기심이 유난히 커진다. 6시경, 아직 해가 솟지 않아 바다에는 어둠이 가득하다. 도착 예정 시간보다 한 시간이나 일찍 발코니에 나가서 육지가 나타나기를 기다렸다. 이윽고 우리 배가 속력을 늦추었다. 작은 배가 우리 배를 인도하는 것이 보인다. 잠시 뒤, 저 멀리 수평선에서부터 바다도 하늘도 붉어지기 시작한다. 해가 솟는다. 차츰차츰 드러나는 버뮤다 항구가 시야에 들어온다. 나무와 건물들, 길과 자동차, 사람들도 보이기 시작한다.

아, 육지구나!

일출과 함께 서서히 모습을 드러내는 버뮤다 해밀턴(Hamilton) 항구는 그야말로 장관이다. 그저 눈에 들어오는 육지를 보았을 뿐인데, 이 순간 육지는 존재만으로도 고마워서 가슴이 뭉클해진다. 수없이 사진을 찍었다.

해밀턴은 버뮤다의 수도다. 버뮤다는 북대서양에 위치한 영국령 섬으로, 큰 섬 7개, 산호섬 138개를 포함한 180여 개 작은 섬으로 이루어져 있다. 사람이 사는 섬은 20여 개에 불과하다. 세인트조지(St George), 세인트데이비드(St David), 서머싯(Somerset) 등 7개 큰 섬은 다리로 연결되어 있어서 그레이트 버뮤다(Great Bermuda)라고 한다. 관광산업과 국제금융업이 발달되었고, 공용어는 영어지만 일부 주민은 포르투갈어를 사용한다. 1505년 에스파냐인 선장 후안 드 베르무데스(Juan de Bermúdez)가 발견해서 그의 이름을 따 버뮤다라 명명했다. 1684년 영국 식민지가 된 버뮤다는 미국 해안에서 약 600마일 떨어져 있다. 그리 크지 않은 섬나라지만 자연이 아름다워서

크루즈에서 본 일출.
버뮤다 항구 풍경.

6일 만에 밟아 보는 육지.
바다와 어우러진 호화로운 동네의 그림같은 풍경.

여행객이 많이 찾는 곳으로 유명하다.

버뮤다가 유명해지기 시작한 데에는 버뮤다 쇼츠(Bermuda Shorts)가 한몫했다. 버뮤다 군인들이 유니폼으로 입었던 옷으로 엉덩이까지 내려오는 상의와 무릎까지 오는 짧은 바지에 긴 양말을 신는다. 온화하고 다습한 아열대 기후를 극복하면서도 품위를 잃지 않는 패션으로, 이 섬에서는 이런 차림을 한 남자들을 어렵지 않게 볼 수 있다. 1950년대 이 섬으로 휴가 온 미국인, 영국인 들이 이 패션을 자신들 방식으로 조합해 입기 시작하면서 버뮤다 쇼츠라고 불렀는데 패션계에 선풍을 일으켰다. 짧은 바지와 긴 양말 조합인 버뮤다 쇼츠가 세계적으로 유행하면서 버뮤다 역시 유명해졌다.

버뮤다는 쾌적한 휴양지다. 게다가 버뮤다 경제가 국제 비즈니스를 위한 금융 서비스업과 관광객을 위한 호화 시설에 바탕을 두고 있어서 세계에서 세 번째로 1인당 소득이 높은 나라다.

9시쯤, 남은 커피 한 모금을 마시고 서둘러 내릴 준비를 했다. 어제 들은 주의사항에 따라 배 중명서와 여권 그리고 달러도 챙겼다. 6일 만에 밟아 보는 땅이다. 우선 몸에 중심이 잡혀서 걷는 데 뒤뚱거리지 않고, 가고자 하는 방향으로 제대로 갈 수 있다. 땅 냄새가 향기롭다는 것을 새삼 느낀다. 6일간을 바다만 보고 파도에 흔들리다 보니 땅의 고마움이 절실히 느껴진다. 땅 위를 걸을 수 있다는 것이 행복의 조건 중 하나임을 배운다. 인간은 왜 평범한 일상에서 행복을 찾기보다는 먼 데서 특별한 행복을 찾으려 할까. 아직 배울 게 많다.

대개의 경우 크루즈는 아침에 도착해 저녁에 떠나기 때문에 투어할 시간이 제한된다. 어쩔 수 없이 여러 투어 상품 중 하나만 선택해야 한다는 것이 단점이다. 투어 상품들은 하나같이 비싼 데다 현지 여행사들과 택시를 이용해 투어를 하자면 흥정을 해야 해서 어려움이 많고 뜻하지 않게 많은 시간이 낭비된다. 그나마 크루즈 측에서 준비한 투어를 택하면 배에서 내리자마자 각 방향 버스들이 대기하고 있어 편하게 투어할 수 있다. 현지 투어 상품이나 크루즈 측 투어 상품이나 장단점이 있어서 현지 상황에 맞게 잘 선택할 필요가 있다. 요즘은 정보가 넘쳐나서 선택하는 데 어려움은 없다지만, 갈등은 어디라도 찾아온다.

남편이 줄을 서서 사온 표는 버스와 배를 이용해 섬을 돌아보는 코스였다. 버뮤다의 수도인 헤밀턴까지 일반 버스를 타고 가는데, 공교롭게도 버스에 자리가 없어 서서 갈 수밖에 없었다. 길이 구불구불한데도 버스가 빠르게 질주하는 바람에 무섭기까지 했는데, 창밖에 보이는 바다와 어우러진 동네는 아름다웠다. 지붕이 하얀색이어서 야자수와 어우러진 모습은 그저 아름다운 풍경화였다. 질주한 지 40여 분만에 버스는 헤밀턴센터에 도착했다. 시내를 돌아보니 중앙부답게 높은 건물, 자동차, 오토바이 들이 제법 복잡했다. 사람들도 분주했다. 가장 아름답고 경치가 좋은 곳엔 역시 갑부들의 호화로운 저택이 있었고 그런 곳에는 어김없이 고급 요트, 자가용 들이 즐비하게 서 있다.

유네스코에 등록된 세인트조지는 영국 신혼부부들에게 신혼여행지로 각광을 받는 아름다운 섬인데, 날씨가 너무 더워 직접 가는 대신 배를 타고 둘러보았다.

배로 돌아가기 전에 관광객을 위해 인터넷을 연결해 놓은 장소가 있어 들렀다. 많은 사람들이 소식들을 전하느라 북적였다. 배 안에서 인터넷을 사용하려면 비싸고 또 연결이 잘 안 되는 경우가 있어서 이런 기회는 놓치지 않고 이용해야 한다. 까톡, 까톡, 인터넷을 연결하니 수많은 소식들이 까톡, 까톡, 들어왔다. 아이들에게서 온 사진과 소식들, 친구들에게서 온 소식들을 읽고 또 답을 보냈다. 온 세상을 단번에 연결할 수 있는 인터넷이 얼마나 고마운지 모른다. 투어를 마치고 배에 돌아오니 9층 갑판에서 라이브 음악과 함께 파티가 한창이었다. 햇빛 쬐는 사람들, 수영하는 사람들, 춤추는 사람들 등 저마다 자유롭게 즐기고 있었다.

투어를 한 날은 매우 피곤하다. 우리는 발코니에 앉아 서서히 어둠에 묻히는 석양을 보았다. 어둠에 묻히는 오늘을 보았다. 날씨가 좋아 석양도 황홀하도록 아름다웠다. 놓칠세라 수평선 너머로 사라지는 해를 사진에 담았다.

저녁 무대에서 4인조 오버추어스(The Overtures)가 1970-1980년대 노래들을 연주했다. 비틀즈(The Beatles), 롤링 스톤스(The Rolling Stones), 더 마마스 앤드 더 파파스(The Mamas And The Papas), 비치 보이스(The Beach Boys), 사이먼 앤드 가펑클(Simon And Garfunkel) 등 우리들 젊은 시절을 떠올리게 하는 노래들이었다. 승객 대부분이 60세가 넘은 사람들로, 다들 젊은 시절이 생각났는지 여러 번에 걸쳐 박수를 치고 또 쳤다. 아, 우리들에게도 젊은 시절이 있었구나.

갑판에서 현지 투어의 피로를 푸는 승객들.
4인조 오버추어스 공연.

침대에 누워서도 젊은 시절 여러 추억들이 되살아났다. 나도 모르게 미소가 번졌다.

2019년 1월 18일, 금요일, 맑음

아침 8시에 갑판을 세 번 돌았다. 사람들도 많고 햇빛도 강해 쉽게 지쳤다. 내일은 조금 일찍 일어나 걸어야겠다. 아침 식사를 과일과 요구르트만 먹기로 했다. 아무래도 움직임이 적으니 체중이 늘까봐 걱정이다.

남편도 일기를 쓰는데 많이 밀렸다고 한다. 밀리지 않도록 매일 오후에 꼭 일기를 쓰려 하지만, 가끔 나도 밀릴 때가 있다. 아침이나 늦은 오후엔 컴퓨터를 켜고 책상에 앉는다. 바다를 바라보면서 글을 쓰고, 책을 읽을 수 있다는 것만으로도 나는 이 크루즈 세계 일주 여행에 백점을 주고 싶다.

오늘 파티는 가면무도회(The Masquerade Ball)다. 상점에서 몇몇 장식품을 팔고 있어서 빨간색 가면을 샀다. 중앙무도회장은 파티를 준비하느라 오랫동안 문이 닫혔다.

오후 7시 45분, 중앙무도회장 문이 화려하게 열리고 선장의 환영인사와 함께 두 번째 세계 일주 여행자 파티가 시작되었다. 첫 번째 파티 때와 같이 최고급 음식들이 즐비했다. 이번에는 케이크로 만든 세계 지도가 눈에 띄었다. 각국 국기가 장식되어 있는데, 어쩌면 그렇게 잘 만들었는지 다들 놀랐다.

가면무도회에 맞춰 화려한 차림을 한 사람들을 넋 놓고 쳐다보았다.

빨간색 가면.

세계 지도로 장식된 대형 케이크.

가면무도회.

'할리우드 락' 특별공연.

동이 트는 항구와 퀸 빅토리아.

사람들이 우아하게 때론 장난스럽게 춤을 추었다. 가장 멋진 의상을 입은 사람을 뽑기 위해 다양한 경연이 펼쳐졌다. 여기저기서 들썩이며 파티가 무르익어 갔다. 다들 나이가 많은데도 멋지고 화려한 의상을 차려입고 가면무도회를 즐겼다. 여유와 활력이 넘쳤다. 나이는 숫자에 불과하다는 말이 맞다. 즐기는 데 나이가 무슨 상관일까. 체면이나 나이 같은 외적인 것에 눈치보지 않고 주어진 여건에서 삶을 즐기는 모습은 오히려 아름답다.

'할리우드 락(Hollywood Rocks)' 특별공연도 있었다. 다른 데서 이런 최상급 쇼를 구경하려면 엄청 비싼 입장료를 내야 할 것이다. 한 시간여 동안 진행된 화려한 공연에 빠져들었던 관객들을 큰 박수로 화답했다. 매일매일 이런 공연을 볼 수 있다는 것, 승객들이 서로서로 예의 바르다는 것, 선장과 직원들이 친절하다는 것 등 최고의 여행은 계속된다.

2019년 1월 19일, 토요일, 맑음

태양이 눈부셨다. 아침 운동을 하는 사람들이 내 옆을 빠르게 지나갔다. 갑판을 다섯 바퀴 도는 동안 송글송글 땀이 맺혔다. 밝고 맑은 바다 공기가 가슴 깊은 곳까지 스며들었다. 이렇게 아름다운 아침을 주신 하나님께 감사했다.

어제부터 대서양을 항해하고 있다. 여행 전, 꽤 많은 항해 시간을 어떻게 지낼까 하던 걱정은 이미 기쁨으로 바뀌었다. 며칠씩 길게 항해하는 날은 책도 맘껏 읽고 글도 쓰면서 느긋하게 지낸다. 맘도 육체도 쉼을 얻는다.

오늘은 영화 〈포레스트 검프(Forrest Gump)〉가 상영되었다. 몇 년 전
세계적으로 흥행한 이 영화는 장애를 가진 남자가 격변하는 시대를
살아가는 이야기로, 우연이 실제 역사가 되는 감동적인 이야기다.
포레스트 검프는 따돌림을 벗어나기 위해 걷고 또 걷고, 뛰고 또
뛰었다. 그런 가운데 장애는 특별한 우연을 만들어내고, 결국 그는
영웅이 되었다. 그에게도 사랑이 찾아오고, 아픔이 찾아오고, 그는
다시 걷고 또 뛰었다. 재치 있는 영상이 빛을 발하는 전형적인 서양
영화지만, 그 이야기가 전하는 감동은 동양철학과 만난다. 걷고 뛰는
것만으로 온갖 시련을 극복하고, 자아를 찾는 것은 결코 쉬운 일이
아니다. 이를 이룰 수 있었던 이유는 장애가 순수한 에너지를
발현하기 때문이다. 장애는 불편할 수는 있으나 함께 살아가는 데
걸림돌이 되지 않는다. 이 영화 덕분에 장애에 대한 인식이 매우
긍정적으로 변했다. 주연한 톰 행크스(Tom Hanks)는 이 영화로 일약
스타가 되었다. 그의 연기는 완벽에 가까웠다. 영화 기법도 완벽에
가까웠다. 컴퓨터 그래픽 효과로 실제 역사 한 장면에 주인공을
등장시켜서 현실감을 강조하기도 했다. 좋은 영화는 다시 봐도
빠져든다. 맘이 뿌듯해진다.

2019년 1월 20일, 일요일, 맑음
미국 플로리다주(Florida) 커내버럴항(Port Caneveral)에 도착했다.
아침부터 분주했다. 미국 땅에 들어가려면 까다로운 입국허가를

받아야 했다. 어제부터 그룹을 지어 6시부터 입국허가를 받기 위해 난리를 쳤다. 9시쯤에 나가려고 했으나 줄을 서서 기다리는 사람들이 많았다. 9.11 테러 이후 입국심사가 아주 철저해지고 복잡해져서 많은 시간을 소비해야 했다. 2시간이나 연장되어, 11시쯤에야 비로소 입국심사가 끝나고 여권에 도장이 찍혔다. 드디어 미국 땅을 밟게 되었다.

케네디우주센터(Kennedy Space Center) 투어, 디즈니월드(Disney World) 투어, 플로리다 보트 투어 등 여러 상품이 있었지만, 오래전 아이들과 여행 한 적이 있어서 자유롭고 여유롭게 보내기로 했다. 우리는 셔틀버스를 타고 코코아 비치(Cocoa Beach)에 갔다. 바닷가 식당에서 피자를 시켰다. 미국 피자는 엄청 컸다. 맛있게 먹고 있는데 빨간 스포츠카가 굉음을 내면서 달려오더니 식당 앞 주차장에 멈추었다. 검은색 선글라스를 쓴 젊은 청년이 차에서 내리더니 뒤도 돌아보지 않고 바닷가로 향했다. 모두가 고개를 돌려 쳐다보았다. 고맙게도 인터넷이 연결되는 식당이어서, 피자를 먹으면서 여러 사람들에게 안부를 전하고 소식을 나누었다. 아들 기도와 딸 모나에게 전화를 걸어 안부를 물으니 잘 있다고 한다. 인터넷이 없었다면 어떠했을까?

코코아 비치는 대서양에 있는 해변으로 넓고 크지만 아름답지는 않다. 코코아 비치를 걸으면서 문득, 어떻게 내가 여기까지 와서 이 해변가를 걷고 있는지 상념에 젖었다.

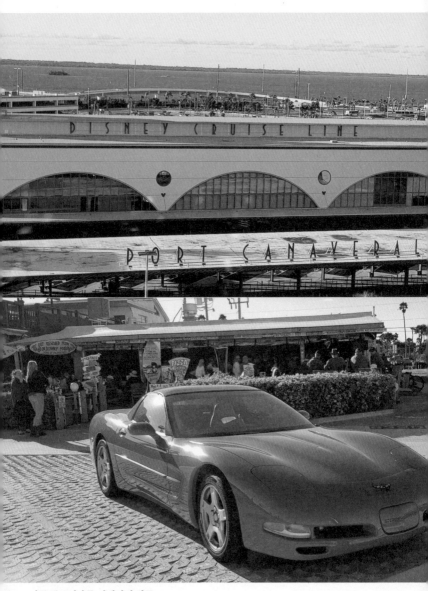

미국 플로리다주 커내버럴 항구.
코코아 비치의 식당과 빨간 스포츠카.

2019년 1월 21일, 월요일, 아침엔 흐리다가 햇빛

미국 플로리다주 남동쪽에 있는 에버글레이즈항(Port Everglades)에 도착했다. 마이애미(Miami) 다음으로 많은 크루즈와 컨테이너선 들이 오가는 유명한 항구로, 미국의 베네치아라 부른다. 포트 로더데일(Fort Lauderdale) 바로 아래에 있는 이곳은 수로가 많고 수로와 수로 사이로 호화로운 집들과 요트들이 즐비한 부유한 도시다.

우리는 셔틀버스를 타고 시내로 들어가, 투어 버스로 시내를 돌아본 다음 수상택시를 타고 수로를 둘러보았다. 말로만 듣던 억만장자 동네를 보니 감탄사가 절로 나왔다. 수로 풍경이 아름답기 그지없어서 사진기 셔터를 계속 눌러댔다. 시내 모든 집들이 최고급 저택인 것을 보면 굉장한 부자들이 사는 도시였다. 저택이며 요트 가격이 상상할 수조차 없을 만큼 비싸다고 하는데, 최근 경제적 타격을 받고 있다는 미국의 모습이라고 믿어지지 않았다. 부자는 그저 부자고, 더 부자가 되는 것이 자본주의다. 하나님은 공평하고 누구나를 막론하고 다 사랑한다고 하셨는데. 어딘가에서는 기아에 허덕이고 죽어가는 아이들이 있다. 이런 극과 극이 어찌 한 지구에 존재할 수 있을까. 마지막으로 둘러본 하얀 모래가 펼쳐진 바닷가는 야자수와 어울려 한 폭의 그림이었다.

저녁에는 오스트리아(Austria) 브레겐츠(Bregenz)에서 온 부부, 베를린(Berlin)에서 온 부부와 함께 새로운 식탁에 모여 앉았다. 모두 친절해 좋은 팀으로 함께 여행할 수 있을 것 같았다.

오늘도 멋진 쇼가 있었다. 1960-1980년에 유행했던 주옥같은 팝과 락

미국 플로리다주 에버글레이즈항.
수로와 도개교(跳開橋, bascule bridge).

수로를 둘러볼 수 있는 수상택시.
수로변 고급 저택.

음악을 연주했다.

좋은 투어를 하고 좋은 친구도 만난 좋은 하루였다.

2019년 1월 22일, 화요일, 맑음

오늘부터는 아루바(Aruba) 오랑예스타트(Oranjestad)까지 이틀간
항해한다.

다음 정착지인 아루바에 대한 여행 정보를 들으며 하루를 시작했다.
중앙아메리카, 서인도제도, 북남미에 둘러싸인 카리브해에 위치한
아루바는 네덜란드에 속한 아름다운 섬으로 오랑예스타트가 수도다.
오늘은 남편과 함께 뒤쪽 갑판에 있는 수영장과 월풀(whirlpool)에서
시간을 보냈다. 이 배에는 앞쪽과 뒤쪽에 각각 수영장이 있고, 하늘을
보고 누울 수 있는 선베드가 있어 햇빛을 마음껏 받을 수 있다. 맑고
파란 하늘과 검푸른 바다가 한눈에 보이는 곳에서 수영을 하고 월풀에
몸을 담그니 그저 감탄과 감사가 가슴을 벅차게 한다. 하루가
쏜살같이 지나간다.

선장의 말대로 오후부터 바람이 세차고 파도가 높아 배가 많이
흔들렸으나 멀미약을 한 알 먹으니 안정이 되었다.

저녁에는 '배로 이야기하는 사람' 쇼를 즐겼다.

저녁 식사 시간에 식당 자리가 많이 비었다. 아마도 배멀미로
고생하는 승객들이 많은가 보다.

2019년 1월 23일, 수요일, 맑으나 바람이 셈

항해하는 동안에 시간을 앞으로 당기기도 하고 뒤로 보내기도 하는 변동이 있어 저녁에 나눠주는 일정표를 잘 읽어야 착오가 없다. 오늘은 한 시간을 앞당겨야 해서 모든 일정이 한 시간씩 빨라졌다. 어제 멀미약을 먹어서 다행히 큰 어려움 없이 잘 잤다. 아침에 갑판을 다섯 번 돌았더니 송골송골 맺힌 땀에 옷이 흠뻑 젖었다.

바다는 아무리 보아도 지루하지 않다. 광활한 바다를 보면서 하루를 시작하는 것은 그야말로 최고의 특권이자 호사다.

오전 10시에 콜롬비아(Colombia) 카르타헤나(Cartagena)에 대한 여행 정보를 들었다. 26일에 도착하는 곳이다. 스페인에도 카르타헤나가 있는데 그쪽이 원조 도시다.

남편은 세계적인 테러범이요 대장이었던 오사마 빈 라덴(Osama bin Laden)에 대한 강연을 들으러 갔고, 나는 티타임(Tea time)에 갔다. 티타임은 영국 사람들의 오랜 전통으로 오후 세시 반에 진행한다. 중앙홀에는 하얀 식탁보와 하얀 찻잔이 준비되었고, 정각 오후 세시 반이 되자 라이브 음악 연주와 함께 하얀 유니폼에 길고 하얀 장갑을 낀 웨이터들이 절도 있게 움직였다. 두 줄로 서서 중앙홀 가운데로 들어와 인사를 한 다음 티, 과자, 케이크 따위를 나누어 주었다. 배에서 사귄 여러 친구들과 만나 차를 마시며 수다하는 즐거운 시간이었다.

갑자기 선장의 긴급방송이 있었다. 급하게 수혈해야 할 환자가 있다며, 헌혈할 사람을 구한다는 것이었다. 30분쯤 지나 남편에게서 전화가 왔는데, 헌혈을 하려고 의무실에 대기하고 있다고 했다. 그

뒤로 40분쯤 지났을까, 남편이 돌아왔다. 헌혈을 하러 갔으나 사람이
많아서 연락처만 남겨놓고 왔노라 했다.

저녁 식사 중에 또 한 번 선장의 긴급방송이 있었다. 밤 11시에
헬리콥터가 와서 환자를 옮겨갈 것이니, 되도록 위쪽 갑판에 올라오지
말라는 경고였다.

오늘은 유난히도 밝고 둥근 달이 떴다. 둥근 달을 쳐다보니 괜스레
가슴이 뭉클해지면서, 사라졌다고 생각한 아픔이 되살아나 나도
모르게 눈물을 흘렸다. 상처가 아직도 남았나 보다.

극장에선 열정적이고 화려한 춤 공연이 펼쳐져 관객을 사로잡았다.
누군지는 모르지만 한 사람이 헬리콥터에 실려 갔다.

빠른 회복을 빈다.

2019년 1월 24일, 목요일, 맑음

커튼을 여니 햇빛이 눈부시다. 창 밖에 아기자기하고 예쁜 도시가
보인다. 장난감 레고(Lego)로 지은 집처럼, 지붕도 벽도 여러 가지
색으로 조화를 이룬 건물들이 꼭 장난감 같은 도시다. 아침 햇살을
받아 더욱 예쁘다. 오늘 도착한 도시는 아루바 수도 오랑예스타트다.
아루바는 해수욕장, 언덕배기, 사막 따위로 유명한 섬이다. 우리는
산드라, 미카엘과 함께 택시를 타고 하얀 모래로 유명하다는
코코로코(Coco Loco) 해수욕장에 갔다. 말 그대로 유난히 모래가
하얗고 또 바닷물도 유난히 투명하고 파랬다. 하얀 모래 위로 햇빛이
비치니 눈을 뜰 수 없을 정도로 눈이 부셨다.

여러 색이 조화를 이룬 건물들.
나무로 장식한 투어 버스.

코코로코 해수욕장과 색색의 파라솔.
고풍스런 건물들.

파란 바다와 하얀 모래, 그리고 색색의 파라솔이 어우러진 풍경
속에서 찬란한 햇빛을 맘껏 즐겼다. 바다에 풍덩, 뛰어드니 몸과
마음이 다 시원했다.

아, 멋있는 바다. 대서양을 앞에 두고 마시는 시원한 맥주 맛이
일품이었다.

오후에는 택시를 타고 시내 중앙부를 둘러보았다. 상점마다 진열해
놓은 다이아몬드며 각종 보석들이 반짝반짝 빛났다. 크게 볼 것 없는
작은 도시지만, 세금 없이 다이아몬드, 금 그리고 값진 패물들을 살 수
있어서 많은 관광객들이 찾아온다고 했다.

배로 돌아가기 전에 이곳에서 유명하다는 아루바 아리바(Aruba
Ariva)라는 음료수를 마시며 땀을 식혔다.

늦은 오후, 갑판에서 파티와 함께 아루바와 이별했다. 항구를 떠날
때는 많은 사람들이 9층 갑판에 나와 멀어져 가는 항구를 향해 손을
흔든다. 라이브 음악을 듣기도 하고 춤도 춘다.

세 명의 디바(Divas 3) 공연을 끝으로 잠자리에 들었다.

2019년 1월 25일, 금요일, 맑음

아침에 눈을 뜨니 남편이 없었다. 남편을 찾아 갑판에 가서 수영을
하고 월풀에 몸을 담갔다. 이른 시간이라 사람이 없는 수영장에 몸을
담그고 바다와 하늘을 보았다. 끝도 없는 바다와 하늘을 보다가
우리는 서로 쳐다보며 웃었다. 저만치서 쇼마스터인 네일 켈리(Neil
Kelly) 씨가 줌바(Zumba)를 지도하는 목소리가 경쾌하게 들렸다.

오전에 코스타리카(Costa Rica) 푼타레나스(Puntarenas)에 대한 여행 정보를 들었다.

아침 식사가 끝나면 으레 커피 한 잔을 들고 9층 갑판에 서서 망망한 바다를 한동안 바라본다. 바다를 가득 채운 저 많은 양의 물은 어디서 어떻게 만들어졌을까. 하늘에서 내려온 빗방울 하나하나가 모여 작은 개울을 만들고, 개울이 모여 강을 만들고, 강물이 흘러흘러 바다를 이룬다. 길고 긴 여정 끝에 바다가 된 물은 작열하는 태양 아래 부글부글 끓어오르고 수증기가 되어 하늘로 올라간다. 하늘로 올라간 물은 다시 비가 되어 땅으로 내려오는 순환을 거듭한다. 그렇다면 물의 시작과 끝은 하늘일까, 바다일까. 바다는 상상하기 어려울 만큼 광대하다. 저 광대한 바닷속은 또 얼마나 비밀스럽고 황홀할까. 돌고래, 날치, 바다거북 들이 가끔씩 우리 곁을 지나간다. 하늘에서 갈매기들도 꾹꾹 소리를 내며 끼어든다. 하늘과 바다 사이 작은 티끌에 불과한 나는 자연의 위대함에 고개를 숙일 뿐이다.

느긋한 오전을 보내고 맞은 오후에는 스코틀랜드 출신 국민 시인인 로버트 번스(Robert Burns, 1759-1796)의 탄생을 축하하는 번스 나이트(Burns Night) 축제에 참여했다. 무도회장은 매번 파티 주제에 맞춰 장식을 하는데, 오늘은 스코틀랜드 국기를 비롯해 로버트 번스 사진 등으로 장식했다.

저녁 식사에는 해기스(Haggis)가 나왔다. 스코틀랜드 국민 음식인 해기스는 다진 양 내장, 양파, 귀리, 양 기름 따위를 섞어 소를 만들고 이것을 양 위에 채워 넣고 오래 삶은 음식이다. 대개 순 몰트위스키나

독한 맥주를 곁들여 마신다. 스코틀랜드에서는 번스 나이트에 로버트 번스가 쓴 「어드레스 투 어 해기스(Address to a Haggis)」를 낭송하고 해기스를 먹는 전통이 있다. 세계 여행 중에 다른 나라의 전통을 경험하는 일은 언제나 흥미롭고 인상적이다.

많은 사람들이 스코틀랜드 전통 의상을 입고 춤을 추었다. 천재 시인의 생애를 축하하는 매우 흥미로운 저녁이었다.

만찬 뒤 서커스와 아크로바틱 쇼를 관람했다.

매일매일 추억이 가득해진다.

2019년 1월 26일, 토요일, 맑음

오늘은 시간 변경이 있어서 한 시간을 뒤로 하니, 모든 일정이 한 시간씩 늦어져서 늑장을 부릴 수 있었다.

콜롬비아 남부 카리브해 연안에 있는 카르타헤나에 도착했다. 밖을 내다보니 많은 컨테이너선들이 정박해 있는 가운데 높은 건물들이 우뚝우뚝 솟아 있어서 큰 항구요, 큰 도시임을 금방 알 수 있었다.

우리는 약 3시간 정도 소요되는 콜롬비아 커피 투어를 했다. 투어 버스는 첫 번째로 해적들을 대적하기 위해 지은 성벽 앞에 멈추었다. 버스에서 내리자마자 물건을 팔기 위해 몰려든 상인들이 따라붙는 통에 난감했다. 움직일 때마다 장사치들이 많아 매번 조용히 감상할 기회를 놓친다. 울긋불긋 색채가 많은 전통 옷을 입은 여성들이 물건을 팔려고 몰려들었고, 관광객과 사진을 찍고 1달러를 달라고 했다. 파란 하늘 아래 꽃과 같이 아름다운 여인들이 콜롬비아 전통색의 화려한 물건들을 펼쳐놓고 손님을 기다렸다.

투어 버스 창 밖으로 부와는 거리가 먼 거리와 집들, 높이 쌓은 물건들을 싣고 달리는 자전거와 손수레, 다 팔아도 얼마되지 않을 물건들을 머리에 이고 관광객들을 졸졸 따라다니는 여인들이 아슬아슬하게 지나갔다. 모두가 가난에 익숙한 모습들이다. 마치 1960년경 가난했던 한국을 연상케 했다. 가난했던 그 시절, 젊은 광부들과 간호사들이 왜 독일로 가게 되었는지 잠시 옛날 생각이 났다. 가난은 누구의 잘못도 아니고 창피한 것도 아니지만 고달프고 힘들다. 잘 알기에 더욱 안타깝다.

얼마 뒤 커피 농장이 아닌 어느 건물 안에서 커피에 대한 설명을 듣게 되자 남편은 물론 많은 사람들이 실망해 불평했다. 귀한 시간에 시내도 돌아보지 못하고, 커피 농장도 가보지 못한 것에 불만을 토로하자 대신 몇몇 건물들을 구경시켜 주고는 투어를 마쳤다. 돌아와서 주최측에 항의하니 지불한 금액의 50%를 돌려주었다. 이것은 크루즈 여행의 큰 단점이다. 하루밖에 없는 귀한 시간을 헛되이 보내게 된 것을 어떻게 보상할 수 있을까. 안타깝다.

저녁에는 중국인 피아니트스 티안 지앙(Tian Jiang)의 공연이 있었다.

2019년 1월 27일, 일요일, 맑음

시계를 보니 6시 조금 넘은 이른 아침이었다. 해돋이 시간은 6시 41분. 해돋이를 보기 위해 일찍 일어났는데 아쉽게도 구름에 가려 기대했던 멋진 해돋이는 볼 수 없었다. 꽤나 뜨거운 화기가 등을 촉촉히 적셨다.

카르타헤나 항구.

해적들을 대적하기 위해 지은 성벽.

물건을 팔기 위해 몰려든 상인들.
콜롬비아 전통색이 베인 화려한 물건들.

오늘 그 유명한 파나마 운하를 지났다. 파나마 운하에 대해 들은 적은 있지만, 실제로 보게 되거나 통과하게 될 줄은 상상조차 못했기에 믿어지지 않았다. 이미 파나마 운하에 대해 많은 정보를 접했고 역사에 대한 설명도 들었다. 파나마 운하가 잘 보일 만한 곳에는 일찍부터 많은 사람들이 진을 치고 있었다. 나도 질세라 가장 잘 보이는 자리에 자리를 잡고 놓칠세라 사진을 찍어 댔다.

파나마 운하는 북아메리카와 남아메리카를 연결하는 파나마 지협을 굴착해 태평양과 대서양을 오갈 수 있도록 만든 운하다. 대서양 연안 콜론에서 태평양 연안 발보아까지 총길이는 약 80킬로미터, 너비는 152-304미터다. 이전까지 남아메리카를 우회하던 운항 거리를 약 15,000킬로미터나 단축한 것으로, 수에즈 운하와 더불어 세계의 양대 운하로 꼽힌다.

맨 처음 운하를 만들 계획을 구상한 것은 1529년 스페인 국왕 카를로스 5세였으나, 실제로 공사가 착수된 것은 1880년 이후다. 1881년 프랑스의 페르디낭 마리 드 레셉스(Ferdinand Marie de Lesseps)가 양대양(兩大洋) 주식회사를 설립하고 본격적인 공사에 착수했으나 복잡한 지형 조건, 풍토병, 자금 부족 등으로 9년 만에 중단되었다. 1894년 새로운 프랑스계 회사가 사업권을 승계했고, 1903년 전략적 요충지에 주목한 미국이 이 회사로부터 운하의 굴착권과 기계, 설비 일체를 4,000만 달러에 매입했다. 미국은 당초 콜롬비아와 운하지대의 사용권 계약을 체결했다가 콜롬비아 의회의 비준 거부로 무산되자, 당시 콜롬비아의 지배를 받던 파나마의 독립을 지원하고 그 대가로 운하지대의 영구조차권, 치외법권, 무력간섭권을 획득했다. 이후 12년간 공사 끝에 1차 세계 대전이 발발한 1914년에 개통되었다. 1950년대 이후 파나마는 미국에 운하 반환을 끊임없이 요구했고, 1977년 파나마 정부가 운하의 영구 중립을 보증하는 조건으로 미국이 운하를 반환하는 내용의 파나마운하조약이 체결되었다. 이에 따라 1999년 마지막날, 운하의 소유권과 관할권이 파나마에 완전히 이관되었다.

미국은 동부와 서부의 거리가 상당히 멀어서 육로로 이동하자면 시간이 상당히 소요된다. 항공을 이용해도 마찬가지다. 바다길을 이용해서 이동하자면 남아메리카 대륙을 빙 돌아서 가야 한다. 지도상으로만 봐도 그 긴 대륙을 돌아간다고 생각하면 끔찍한 일이다. 그러니 파나마 지협을 뚫어서 길을 내자는 기상천외한 계획은 매우 유용하다. 여기에 가장 이익을 볼 나라는 당연히 미국이다. 미국 동부는 대서양과, 서부는 태평양과 면해 있기 때문에 이 두 바다를 통하게 하는 파나마 운하는 여러모로 관심이 집중될 수밖에 없다. 당시 파나마가 속해 있던 콜롬비아와 미국이 협상했으나 실패하자, 미국은 파나마의 독립을 지원해 기어이 파나마 운하의 대부분 권한을 행세하다가 2000년을 앞두고 돌려준 것이다. 이익을 위해 교묘하게 얽히고설킨 파나마 운하의 역사는 참으로 아련하다. 파나마 운하의 완공식을 한 날은 8월 15일로 한국의 광복절과 같은 날이다.

수로를 지나는 동안 아름다운 자연이 우리를 현혹했다. 우람한 원시림과 가툰 호수(Gatun See) 그리고 여러 컨테이너선들과 수로를

파나마 운하 입구에서 바라본 도시.
파나마 운하가 잘 보일 만한 곳에 일찍부터 진을 친 사람들.

수로를 지나며.
파나마시티의 네온사인.

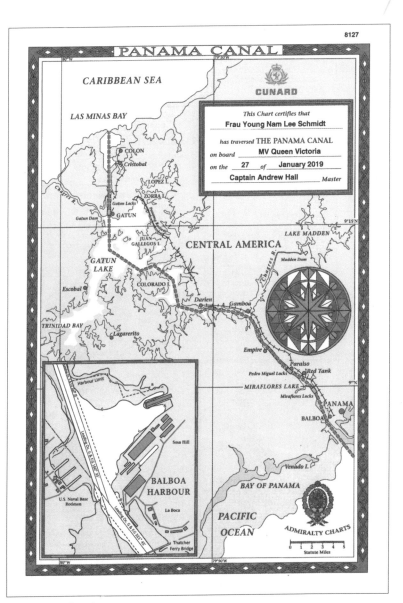

PANAMA CANAL

CUNARD

This Chart certifies that

Frau Young Nam Lee Schmidt

has traversed THE PANAMA CANAL

on board **MV Queen Victoria**

on the **27** *of* **January 2019**

Captain Andrew Hall *Master*

CARIBBEAN SEA

LAS MINAS BAY

COLON
Cristobal

Chagres R.

LOPEZ I.
ZORRA I.
Gatun Locks
GATUN
Gatun Dam

JUAN GALLEGOS I.

CENTRAL AMERICA

LAKE MADDEN

Chagres R.

Madden Dam

GATUN LAKE

COLORADO I.

Escobal

Darien   Gamboa

TRINIDAD BAY

Lagarerito

Empire

Paraiso

Pedro Miguel Locks   Red Tank

MIRAFLORES LAKE

Miraflores Locks

PANAMA

BALBOA

Harbour Limit

Sosa Hill

BALBOA HARBOUR

U.S. Naval Base Rodman

La Boca

Thatcher Ferry Bridge

Venado I.

BAY OF PANAMA

PACIFIC OCEAN

ADMIRALTY CHARTS

0 1 2 3 4 5
Statute Miles

파나마 운하 통과 증서(77, 78쪽).

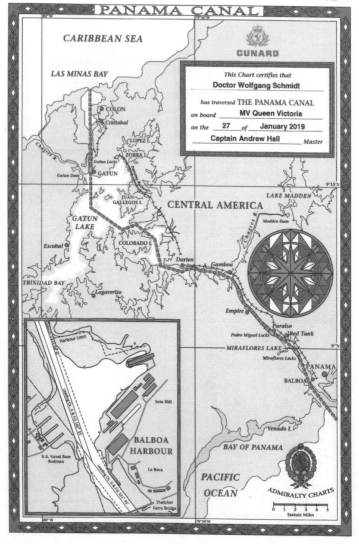

지나려고 기다리는 배들이 만드는 풍경에 빠져들었다. 너무 일찍 서두르고 긴장한 탓에 피곤해져서 방으로 돌아왔지만, 발코니에 앉아서도 편안하게 지나가는 배들을 구경할 수 있었다. 함부르크 수드(Hamburg Sued)라고 쓰인 컨테이너선이 지나간다. 우리 집이 있는 함부르크, 글자만 봐도 반가운 함부르크다. 독일에 정착하던 초창기에 한국(Korea)이라고 쓰인 글자만 봐도 눈물이 나던 때가 생각났다. 가슴이 두근거렸다.

어둑어둑 바다에 어둠이 찾아오기 시작하면서 파나마 운하가 멀어지고, 대신 파나마시티의 네온사인이 보이기 시작했다. 까만 하늘에 별들이 유난히 밝았다. 길고 긴 날을 항해했던 대서양을 뒤로 하고, 평온한 물이라는 뜻을 가진 태평양으로 넘어왔다. 이를 기념해 파나마 운하 통과 증서를 받았다. 두고두고 기억할 일이다.

2019년 1월 28일, 월요일, 약간 비가 내린 뒤 맑음

오늘부터 다음 정착지인 코스타리카 푼타레나스를 향해 항해한다. 남성적인 대서양을 벗어나 이제부터는 여성적인 태평양을 항해한다. 아침 일찍부터 선탠을 하기 위해 누울 자리를 잡느라 9층 갑판이 복잡했다. 크루즈에서 일하는 사람들은 대부분 필리핀 사람들로 아주 친절하고 또 부지런하다. 그들은 저녁 때면 그 많은 의자, 선베드 들을 다 치웠다가 다음 날 아침에 다시 꺼내 놓는다. 일하는 속도도 빠르고, 늘 웃으면서 손님을 대한다. 한 번도 불친절하거나 불평하는 모습을 본 적이 없다.

류시화 작가의 책 『새는 날아가면서 뒤돌아보지 않는다』를 읽었다.
책과 함께 하는 쉼이야말로 진정 필요한 삶의 포인트라고 작가는
말한다. 쉼이 있어야 진정 나를 되돌아 볼 수 있으며, 또 새로운 것을
창조할 수 있다고 말한다. 몸과 마음이 지쳤을 때 휴식을 취할 수 있는
나만의 공간 '퀘렌시아(Querencia)'는 스페인 말로 피난처,
안식처라고, 누구에게나 퀘렌시아가 필요하다고 작가는 말한다. 그
말에 전적으로 동의하면서 나의 퀘렌시아, 발코니에 앉아 지난날을
더듬어 본다. 아픔의 기억, 슬픔의 기억, 혼동의 기억 그리고 수없이
많이 울었던 기억, 암흑 속에서 길을 잃고 지쳐 피눈물 흘렸던 기억
들이다. 보듬어야 할 기억들이다. 나 자신을 돌아보자고 시작한
여행이니, 가능한 한 오래 퀘렌시아에 머물고 싶다.
정각 12시, 여지없이 선장의 안내방송이 들렸다. 지금 항해하고 있는
위치, 배의 속도, 날씨, 도착 항구와의 거리 등 여러 정보를 전했다. 그
뒤를 이어 독일 승객을 위한 안내인 레나(Lena)가 독일어로 번역해
방송했다.
오후에는 샌프란시스코(San Francisco)에 대한 여행 정보를 들었고,
영화도 보았다.

2019년 1월 29일, 화요일

오늘 아침 도착한 곳은 코스타리카 푼타레나스 항구다. 코스타리카는
중앙아메리카 남부에 있는 나라로, 태평양과 카리브해를 끼고 있어서
풍요로운 해변이라는 의미를 지녔다. 수도는 산호세(San Jose)다.

날씨가 약 27도 정도로 뜨겁고 습도가 많아서 인근 과테말라,
온두라스 등과 함께 커피 생산지로 유명하다.

우리는 현지인이 직접 운전하며 안내하는 4시간짜리 투어 코스를
선택했다. 1인당 25달러로 크루즈 측 투어보다 훨씬 저렴했다.

안내인은 코스타리카인으로 사는 자신을 자랑스러워했다. 나라에서
군대에 들어갈 엄청난 돈을 사회보장제도를 위해 쓴다며, 반년 일하고
반년 쉬면서도 두 아이를 대학까지 공부시킬 수 있다고 했다. 그는
자주 크게 웃었고, 코스타리카는 아름다운 나라라고 힘주어 말했다.

안내인 말대로 해안선을 따라 서 있는 야자수와 어울린 높은 산들이
아름다웠다. 숲과 산에 자라는 나무들이 특이해 더욱 아름다운 풍경을
연출하고 있었다.

원시림 숲가에 차를 세우고 안내인이 이상한 소리를 내자, 하얀
얼굴에 검은색 털을 가진 원숭이 한 마리가 나뭇가지 위로 나타났다.
카푸치나라고 했다. 카푸치나는 성당 사부들이 입는 모자 달린
옷인데, 그 옷차림을 닮아서 그렇게 부른다고 했다.

잠시 뒤에는 코스타리카 특산 과일을 파는 가게 앞에 차를 멈췄는데,
에구머니나, 가게 앞에 태극기가 펄럭이고 있었다. 태극기를 보니 또
다시 어렵던 타향살이가 생각났다. 원시림이 우거진 곳에서 우리나라
태극기가 펄럭이다니. 과일은 뒷전이고, 펄럭이는 태극기를 사진에
담기 바빴다. 그 옆에는 사탕수수를 직접 착즙한 음료를 팔고
있었는데, 그것을 보니 나의 어린시절이 떠올랐다. 군것질할 것이
없어 집 옆 텃밭에 심어놓은 사탕수수 몸통을 잘라다 꼭꼭 썹으며

여유롭고 아름다운 해변.
태극기가 매달린 코스타리카 특산 과일을 파는 가게.

광장 이곳저곳에 서 있는 우스꽝스런 모습의 조각상.

단물을 삼켰었다. 벌써 어렴풋한 일이다.

다음 코스로 이동해 다리 밑에서 꿈틀꿈틀 움직이는 악어를 보았다.
많은 관광객들이 모여 있었는데, 한국 관광객이 가장 많았다. 낯선
나라에서 만난 반가운 동포들인데 왠지 머뭇거려졌다.

4시간 동안 쉬지 않고 돌아다녔고, 안내인은 신이 나서 농담도
해가면서 틈날 때마다 코스타리카를 자랑했다. 열정적인 안내인과
헤어지고 나서 우리는 우연히 발견한 전통 식당에서 차가운 맥주, 잘
튀긴 생선과 오징어를 먹으며 여운을 달랬다. 우리는 안내인 덕분에
만족스런 코스타리카 투어를 했다고 동감했다.

배로 돌아와서 발코니에 앉아 길게 다리를 뻗었다. 유난히 해지는
저녁 하늘이 눈부시게 아름다웠다.

2019년 1월 30일, 수요일, 약간 구름

오늘부터 멕시코(Mexico) 카보산루카스(Cabo San Lucas)에
도착하기까지 3일간 태평양을 항해한다.

아침부터 햇빛이 좋아서 많은 사람들이 선탠을 즐기기 위해 자리를
잡느라 분주했다. 유럽 사람들은 늘 햇볕에 굶주려 있다. 쩅쩅
내리쬐는 햇볕은 행복한 휴가의 상징이요, 까맣게 탄 몸은 건강한
멋의 상징이다. 여름 휴가 때가 되면 너도나도 햇볕 좋은 나라로 가서
온몸을 까맣게 태우고 온다. 휴가를 잘 보낸 표시는 얼마나 몸이
까맣게 탔느냐에 달렸다고 봐도 틀리지 않는다. 이런 문화에 젖어
남편과 함께 여름 휴가를 보낸 뒤, 까만 얼굴을 하고 한국에 가면

언니의 핀잔을 들어야 했다. 그뿐 아니다. 까맣게 탄 내 얼굴을 보고 한국의 한 식당 종업원은 외국인인 줄 알고 주문받기를 주저한 경우도 있었다. 나는 아무리 봐도 영락없는 한국의 시골 아낙네 얼굴인데, 검게 그을린 얼굴을 보고 외국인으로 착각한 그 종업원이 더 이상하게 느껴졌다. 한국의 아낙네들은 뙤약볕에도 밭일을 하느라 하나같이 그을리고 주름지지 않았던가. 해를 정면으로, 알몸으로 만나는 것은 온몸으로 에너지를 축적하는 일이다. 식물이 광합성을 하는 것과 마찬가지다. 문제는 자외선이다. 강력한 자외선은 피부에 화상을 일으키고 심하면 암으로 변하기도 한다. 안전한 선탠을 위해서는 강도 높은 선크림(sun cream)을 바르고 그늘에서 하는 것이 좋다.

바다를 보면 그저 마음이 확 트인다. 바닷바람을 마시면 몸 속까지 시원하다. 바다를 보면 물의 세력이 얼마나 큰지 고개를 숙이게 된다. 바다를 보면 내가 얼마나 작은지 겸손해진다. 바다를 보면 인생이란 것이 얼마나 짧은 것인지 배우게 된다. 바다를 보면 시가 흘러나와 별이 되고 어둠이 된다. 바다를 보면서 내게 주어진 삶에 감사하고 잘난 척하지 말자고 약속한다. 참 다행인 것은 아직도 바다를 볼 날이 많이 남아 있다는 것이다.

오후 6시 반 정도면 많은 사람들이 저녁을 먹기 위해 이동해 그 넓은 9층 갑판이 텅텅 빈다. 이 시간에 맞춰 나는 책과 사진기를 들고 갑판으로 간다. 텅빈 넓은 공간에 있으면, 바다가 한눈에 들어오고, 하늘도 가깝게 보인다. 배가 지나면서 하얗게 부서지는 파도가 길게길게 흔적을 남기다 사라진다. 어둠 속에서 돌고래 떼가

지나가기도 한다. '뜨는 해보다 지는 해가 더 아름답다'는 말처럼
수평선 너머로 지는 노을은 숨막히도록 아름답다. 저녁이면 난 늘
갑판에 서서 바다를 바라본다. 하늘을 빨갛게 물들이면서 해가 서서히
진다.

오늘 무대에서는 가수 도니 레이 에빈스(Donny Ray Evins' s)가 냇 킹
콜(Nat King Cole)의 노래를 불러 추억을 더듬게 했다.

2019년 1월 31일, 목요일, 맑음

해돋이가 6시 52분이었는데 나갈까 말까 망설이다가 다시 침대로
들어가 몸을 길게 펴고 느슨하게 공상에 빠졌다. 벌써 여행한 지 한
달이나 되었다. 감사할 것 많은 하루하루가 참 빨리도 지나가는구나.
아침을 먹는데 선장이 배의 왼편으로 돌고래 떼가 지나간다고
알려주었다. 많은 사람들이 이를 보기 위해 이동했다. 돌고래들이
등을 보이면서 지나고 있었다. 너도나도 사진을 찍느라 분주했다.
고래를 보면 행운이 온다고 하니 괜스레 기대가 되었다.
오늘은 왜 그렇게 아무것도 하고 싶지 않았는지 모르겠다. 게으르게
오후를 보냈다. 길게 발을 뻗고 발코니에 앉아 책도 읽지 않고
컴퓨터도 켜지 않았다. 심심하면 괜스레 볼거리가 있을까 하고 배를
한 바퀴 돌다가 쓸데없이 웃으며 귀거리, 목거리 따위를 사오기도
하는데, 오늘은 그저 아무것도 하지 않는 게으른 오후를 보냈다.
저 멀리 육지가 희미하게 보였다. 멕시코를 지나는 중이라고 했다.
배는 쉬지 않고 앞으로 달리고 있고, 달리는 만큼 뒤쪽으로 하얗게

파도가 부서졌다. 가끔 이름 모를 새들이 창공을 날기도 하고, 갈매기들이 배를 따라오기도 했지만 엔진소리만 들릴 뿐이었다. 늦은 오후 남편과 9층 갑판에 올라가 시원한 맥주를 마시면서 아이들이 보내 온 영상을 보았다. 건강하게 자라는 손자손녀들의 재롱이 할머니, 할아버지를 미소를 짓게 했다. 행복했다.

25일간 대서양을 지나 태평양까지 온 것에 감사한다. 또한 앞으로 갈 여정에 행운을 빌면서, 무사히 잘 항해해 준 선장과 그 팀에게 감사한다. 매 끼니마다 맛있는 음식을 차려준 주방장과 그 팀에게 감사한다. 각자의 자리에서 매일매일 수고하는 모든 사람들에게 감사한다.

26-53일, 멕시코 카보산루카스-오스트레일리아 시드니

2019년 2월 1일, 금요일

오늘 아침에는 딸 모나(Mona)가 만들어 준 달력을 넘겼다. 벌써
2월이다. 모나는 해마다 아빠를 위해 손수 달력을 만들었다. 가족
사진, 재미난 그림, 갖가지 메시지를 넣은 달력을 남편은 그 어떤 선물
보다 좋아해 병원 진료실 벽에 걸어 놓곤 했다. 은퇴한 뒤로는 더 이상
달력을 받지 못할 거라 생각했는데, 모나가 이번 세계 여행을 위해
달력을 만들어 주었다. 가족 사진과 메시지가 있고, 날짜별로
도착지를 적고 그 나라 국기를 붙여놓았다. 군데군데 재미있는 그림을
붙여놓는 등 얼마나 정성스럽게 만들었는지 모른다. 우리는 여행 첫
날 배정받은 방에 들어가자마자 제일 먼저 벽에 달력을 붙였다.
매일매일 예쁜 손자손녀들과 가족들이 환하게 웃는 모습을 볼 수
있었다. 아이들만 생각하면 행복한 할머니, 할아버지가 된다.
아침 일찍 일어난 남편은 일출이 유난히 아름다웠다고 했다. 달과
주피터(Jupiter, 목성)가 나란히 비치는 가운데 해가 떠올랐는데,
사진을 찍지 못했다고 아쉬워했다. 얼마나 아름다운 모습이었을까.
나도 내일부터는 일찍 일어나 아침 수영을 할까 생각 중이다.
일찍부터 갑판에서는 많은 사람들이 타월을 펼쳐 자리를 확보해 놓고
온종일 선탠할 준비를 했다.
오후에는 꽃꽂이 강습이 있었는데 사람들이 꽉 차서 참여하지 못했다.
대신 줄리아 로버츠(Julia Roberts)와 브래드 피트(Brad Pitt)가 주연한
영화 〈멕시칸(The Mexican)〉을 보았다. 제목 때문에 혹시나
멕시코시티(Mexico City)를 볼 수 있을까 했는데, 이야기가 복잡하고

Schönes Jahr
2019

Willkommen
bei einer neuen
Ausgabe der
★ ★ ★ ★ ★
SCHMIDT LIND-SCHAU
★ ★ ★ ★ ★
Wir werden
euch soooo
Vermissen
GUTE
REISE

Wo sind
Oma und Opa?

Auf Weltreise !!!!

Januar					
1 DI Neujahr					
2 MI					
3 DO					
4 FR					
5 SA					
6 SO Heilige Drei Könige					
7 MO					
8 DI	Hamburg, Germany LOS GEHTS !				
9 MI					
10 DO	United Kingdom, Southampton				
11 FR					
12 SA					
13 SO					
14 MO					
15 DI					

모나가 만들어준 달력.

재미없었다. 하늘에 구름이 많아졌고, 차가운 바람이 불었다. 석양이 멋질 것 같지 않았다.

오늘도 해 주는 밥 먹고 하고 싶은 것 하면서 하루를 보냈다. 매일매일 그 많고 다양한 음식들을 마련하는 주방장과 그 팀의 재주는 놀랍다. 순간순간 나타나 다 먹은 접시를 치워가는 웨이터들의 일사불란한 서비스도 마찬가지다. 매일매일 하얀 냅킨과 식기가 놓인 정갈한 식탁에서 식사를 한다. 아침 식사부터 먹을 것들이 너무너무 많다. 계란, 빵, 햄, 치즈, 쨈, 야채, 과일, 시리얼 등 이루 말할 수 없이 많다. 커피, 차, 주스 등 마실 것도 마찬가지다. 가서 들고 오기만 하면 된다. 점심 식사도 마찬가지다. 무엇을 먹어야 할지 모를 만큼 종류가 많다. 아이스크림, 푸딩, 초콜릿 따위 후식은 다 나열하지도 못할 정도다. 예술품 같은 후식들은 시선만 사로잡는 게 아니라 입맛을 돋운다. 저녁 식사는 더욱 화려하고 없는 게 없을 정도다. 게다가 다양한 주제의 무도회까지 더해져 매일매일이 축제다.

내일 아침 일찍 카보산루카스(Cabo San Lucas)에 도착한다. 미리 준비해 온 여행 정보를 살펴보았다. 어떤 곳일까 기대된다.

2019년 2월 2일, 토요일

아침 일찍 일어나 보니 육지가 보인다. 카보산루카스는 멕시코 남부 끝머리 바하 캘리포니아(Baja Califonia)에 있는 섬으로 아름다운 휴양지다. 맛있는 식당도 많고, 여러 수상 스포츠를 즐길 수 있는 곳인데, 바닷가에 있는 절벽이 아름답기로 유명하다. 크루즈가 정박할 항구가 없어 텐더(Tender, 모선에 딸린 운반용 부속선)를 타고 육지로 이동했다. 카보산루카스에서 가장 인기 있는 것은 '고래 보기'다. 크루즈 측 투어 비용이 비싸서 우리는 친구 부부와 함께 현지 여행사 고래 투어를 선택하고 저렴한 가격으로 흥정했다. 우리를 실은 배가 시동을 걸자 바닷가 모래 위에 있던 펠리컨, 물개, 갈매기 들이 퍼드득 놀라 쳐다보았다. 어떤 물개는 달리는 배 위로 올라가기도 했다. 먹이를 주기 때문에 그것을 받아먹으려고 용감하게 배에 오르는 것인데, 신기하고 재미있는 경험이 되었다. 달리는 배에서 보는 바닷가 바위 절벽은 절묘했다. 어떤 바위에 난 동굴은 반대편 바다와 하늘이 보여 놀라움에 입이 쩍 벌어졌다.

고래가 나타나자 질주하던 여러 척의 배들이 갑자기 분주해졌다. 바다 위로 솟아오르는 검정색 지느러미가 보였다. 그리고 몸통에 이어 꼬리가 하늘로 솟구쳤다. 바다의 왕, 고래를 바로 앞에서 보았다. 이 진귀한 풍경을 사진에 담으려고 연신 셔터를 눌러댔다. 순간순간 내 사진에 고래가 담겼다. 여기저기에서 고래를 따라 배들이 다시 질주했다. 마치 고래와 숨바꼭질하는 것 같았다. 멋진 고래 구경이었다. 이런 신명에 딱 어울리는 노래가 가수 송창식의 〈고래사냥〉일 것이다. "자, 떠나자 동해 바다로, 신화처럼 숨을 쉬는 고래 잡으러". 고래를 보면 좋은 일이 생긴다는 이야기가 있다. 보기만 해도 희망이 샘솟는 저 거대한 생명체는 인간과 같은 포유류다. 얼마나 감명 깊었던지, 머리 속에서 고래가 쉬 떠나지 않았다. 오후 6시경에 샌프란시스코(San Francisco)로 항해가 시작되었다.

동이 트는 카보산루카스.
석양이 물든 카보산루카스.

달리는 배에서 보는 절묘한 바닷가 바위 절벽.
수면으로 모습을 드러낸 고래.

카보산루카스의 절묘한 절벽과 아름다운 해변이 멀어져 갔다. 고래, 펠리컨, 물개, 갈매기 들에게 이별을 고했다. 안녕, 잘 지내. 갑판 위에는 라이브 음악이 흘렀다. 날씨가 흐려지고 구름이 자욱해 멋진 석양은 볼 수 없었다. 배가 북쪽으로 방향을 바꾸었다. 저녁 무대에는 스코틀랜드(Scotland) 형제 음악가가 출연했다.

2019년 2월 3일, 일요일, 흐림

아침에 일어나니 날씨가 흐리고 약간 추웠다. 6시에 일어난 남편은 수영하러 갔다. 오늘따라 일찍 아침 하루를 시작했다. 투병 중인 친구 조(Jo)를 위해 기도했다. 언제나 걱정되지만, 기도로 힘을 실어줄 뿐. 일요일 예배는 선장 앤드류 홀(Andrew Hall) 씨가 주선했는데, 극장이 사람들로 가득 찼다.

예배 뒤에는 꽃꽂이 강습에 갔다. 필리핀에서 온 강사를 따라 꽃꽂이를 했다. 빨간 장미, 노란 국화, 수선화, 자주 난초 따위 서로 다른 꽃들이 잘 어울렸다. 싱싱하고 아름다운 꽃들은 보기만 해도 좋다. 아름다운 에너지가 전염된다. 활력이 생겨난다. 꽃꽂이는 삶의 축소판이다. 사람들도 각자 모습과 향기는 다르지만, 서로 잘 어울리면서 살아간다. 그래서 '사람이 꽃보다 아름답다'고 노래하는 것인가. 한국 경기도 고양시에서 '꽃보다 아름다운 사람들의 도시'라는 문구를 본 기억이 있다. 꽃박람회로 잘 알려진 고양시에는 큰 호수공원이 있어서 많은 사람들에게 삶의 여유를 선사한다. 꽃보다 아름다운 사람들이 함께하는 크루즈 세계 일주 여행도 마찬가지다.

꽃꽂이 강습.
800여 명 세계 일주 여행자를 위해 선장이 주선하는 세 번째 파티.

재미있고 알찬 프로그램 덕분에 꽃 향기가 마음에 가득해졌다.

오늘 저녁엔 800여 명 세계 일주 여행자를 위해 선장이 주선하는 세 번째 파티가 있었다. 3달 3주 동안 세계를 한 바퀴 도는 여행에 여러 가지 의미를 담는 행사다. 파티 때마다 아름다운 의상을 차려입은 여성들, 그 틈에 나도 있다니 상상조차 못했던 일이라 늘 새삼스럽다. 이번 여행을 통해 정말 많은 것들을 경험하고 배운다. 특히 항해하는 날이 많다 보니, 함께 여행하는 유럽 사람들의 사고, 의식, 전통, 생활양식 따위를 배운다. 매일매일 낯설기도 하고, 재미있기도 하고, 놀랍기도 하다.

2019년 2월 4일, 월요일, 흐림

어제부터 날씨가 약간 추워져서 스웨터를 입어야 했다.

남편은 목이 아프다면서 감기 기운이 있다고 침대에 누웠다. 해는 떴으나 검은 구름에 가렸다. 광활한 바다 그리고 바다. 유난히 바람이 센 오늘 아침에는 배에 부딪는 파도가 하얗게 부서지면서 거품으로 더 많은 무늬를 만들고 사라졌다. 바람이 세고 파도가 높은 오늘 같은 바다는 힘 좋고 젊은 남자 같다. 씩씩한 아들이 생각났다.

코모도르 클럽(Commodore Club)에서 책을 읽었다. 류시화 시인이 쓴 『새는 날아가면서 뒤를 돌아보지 않는다』를 다 읽었다.

트렁크 하나에 가득 책만 넣어왔다. 책을 읽으며 육체도 영혼도 쉬고 싶었다. 호젓하게 심장이 두근두근대는 소리도, 배가 꾸룩꾸룩대는 소리도 듣고 싶었다. 구석구석 내 몸이 내는 소리들에 귀 기울이고

싶었다. 진리와 깨달음, 행복과 불행, 인생과 죽음 등 어렴풋한 생각
속에서 '나는 누구인가'에 대해 질문을 던졌으나 아직 답을 찾지
못했다. 살아가는 순간순간 답이 있었을 텐데 매순간 알지 못했다.
중년을 지나 노년으로 가는 길에서도 여전히 나는 헤매고 있다.
살아가는 한 어떤 일이든 시작되고 끝이 난다. 우리는 모두 목적지에
도착하기 위해 길을 간다. 그 길에서 여러 형태로 여러 일들이
일어난다. 그들과 부딪히면서 우리는 울고, 웃는다. 그 속에서
생겨나는 삶의 조각들. 그 안에 우리들 물음이 있고 답도 있다. 늦게
발견되는 답 때문에 안달복달하고, 급기야 포기하기도 하는 것이 우리
삶이다. 이번 여행에서 망망대해를 바라보며 그 삶을 가만히 살펴보고
싶었다.
여행은 어디를 가고, 무엇을 보는 것만이 전부가 아니다. 그렇다.
실제로는 여행이 나를 만들 것이다.
오후에 합창 발표가 있었다. 짧은 시간에 여러 사람들이 호흡을 맞춰
부른 노래인데도 조화롭고 아름다웠다. 좋은 시간이었다.
저녁에는 필 멜버른(Phil Melbourne), 마크 도너휴(Mark Donoghue)
공연이 있었다.

2019년 2월 5일, 화요일, 맑으나 매우 쌀쌀함

오늘부터 샌프란시스코(San Francisco)에서 이틀을 묵는다. 태평양
해안 북쪽 캘리포니아에 위치한 이 도시는 일년 내내 안개가 낀다.
금문교(Golden Gate Bridge), 앨커트래즈섬(Alcatraz Island)과 감옥,

빅토리아식 집, 언덕진 거리, 케이블카 차, 차이나타운 등이 유명세를 톡톡히 한다. 수많은 관광객들이 찾는 이 도시를 배경으로 한 노래, 영화 따위도 많다.

갑판에 나가니 눈에 익은 도시 전경이 친근했다. 샌프란시스코는 이번이 세 번째다. 올 때마다 안개가 끼었는데 이번에는 날은 맑지만 제법 쌀쌀하다. 저 멀리서 샌프란시스코를 상징하는 금문교가 서서히 드러났다. 차를 타고 건너거나 육지에서 본 적은 있어도 바다에서 본 적은 없었다. 배를 타고 지나면서 금문교 아래까지 가깝게 볼 수 있었다. 수많은 불빛과 높은 건물들이 서서히 가깝게 보이면서 우리 배가 닻 내릴 자리를 찾았는지 엔진 소리가 들리지 않는다. 복잡한 여권 조사가 있은 다음, 미국 땅에 발을 내딛었다.

시티 투어 버스를 타고 시내를 돌아보기로 했다. 1인당 50달러를 주고 표를 끊었다. 햇빛에 비해 날씨가 꽤 쌀쌀했다. 나는 한국어로 남편은 독일어로 안내를 들으며 여기저기 구경했다. 금문교를 지나 시외에서 바라보는 도시가 아름다웠다. 유명세를 자랑하듯이 다리와 어울리어 더욱 찬란했다. 몇 년 전에 왔을 때는 미국이 경제적인 타격을 받고 있을 때였다. 도시가 옛 모습을 잃었고, 관광객들이 줄었던 때였는데 그런 모습은 찾아볼 수 없었다.

한글 교육 관계로 오래 전부터 알고 지내던 박희양 씨와 만나기로 약속을 했다. 한국에 사는 그녀가 딸의 출산을 위해 이곳에 와 있었다. 한국도 아닌 샌프란시스코에서 이렇게 우연히 만날 수 있다니. 이 얼마나 신기한 일인지 모르겠다. 짧은 시간이지만 둘이 차를 마시면서

크루즈에서 본 샌프란시스코.
샌프란시스코 항구와 멀리 보이는 금문교.

금문교를 건너며.

금문교를 지나 시외에서 바라본 도시.

회포를 풀었다. 나는 그녀의 딸이 순산하기를 빌었고, 그녀는 내가 건강하게 여행하기를 빌었다.

저녁 때가 되니 날씨가 더욱 더 쌀쌀해졌다. 남편은 계속 열이 나고 목이 아프다고 호소했다. 걱정이다.

샌프란시스코에서 앤드류 헬(Andrew Hell) 선장과 일원이 다 내리고, 새로운 토마스 코네리(Tomas Connery) 선장과 일원이 탔다. 또한 많은 승객들이 내리고, 새로운 승객들이 탔다. 이러저러하게 이 배를 이용하는 여행객들이 많았다.

샌프란시스코 첫 밤이 깊어간다.

2019년 2월 6일, 수요일, 맑음

아직도 감기 기운이 가시지 않은 남편은 여전히 침대 신세였다. 어제보다는 덜 쌀쌀하지만, 따스한 옷을 입어야 하는 날씨였다. 혼자서 나갈 준비를 했다. 승객들을 위해 무료로 인터넷이 연결되는 터미널은 여기저기서 인사를 전하고 받느라 벌써 만원이었다. 나도 인터넷을 연결하니 카톡, 카톡, 여기저기서 소식이 들어오는 소리가 요란했다. 캐나다로 떠난 딸 모나가 잘 도착했다는 안부와 함께 사진을 보내왔다. 고마운 소식이었다.

터미널을 나와 혼자서라도 여기저기 가보기로 했다. 혼자서 찾고 읽고 대화를 해 보아야 그 도시를 배울 수 있다. 걸어서 돌아보면 이곳의 지리며 성격도 잘 알 수 있다. 나는 지도를 펼쳐 들고 걸어서 여기저기 기웃거렸다. 많은 사진을 찍었다. 점심 무렵, 여러 나라 음식이 모인

우연히 샌프란시스코에서 만난 박희양 씨와 함께.

도심 속 대중교통.

샌프란시스코 도심 전경.
근사한 그림이 그려진 건물이 있는 거리.

식당가를 찾았는데, 그 중에 한국 식당도 있었다. 어디를 가도 한국 식당이 있어 반갑고 신난다. 열심히 사는 한국 사람들을 보면 뿌듯해지면서도 타향살이의 고달픔이 얼마나 큰지 알기에 마음이 무거워진다. 그곳에서 간편하게 새우우동을 먹었다. 고국을 떠나온 그들이 꼭 성공하기를 빌었다.

걸어다니니 골목골목 재미있는 곳도 발견할 수 있었다. 우연히 발견한 교회에 들어가 조용히 기도하는 시간도 가졌다. 특별히 자녀들의 안정과 친구 조의 건강을 위해 기도했다. 조가 위에서 또 다른 암세포를 발견해 추가로 진찰, 검사할 예정이라는 소식을 들어서 마음이 아프다. 다시 한번 기도하면서, 하나님께서 치료를 위해 기회를 더 주시리라 믿는다.

교회를 지나 높은 산 위에 있는 탑에 올랐다. 바다와 도시 그리고 정박한 우리 배가 한눈에 보였다.

다시 천천히 걸어서 터미널로 돌아왔다. 인터넷이 없던 시절에는 어찌 살았을까. 인터넷 덕분에 캐나다에 있는 아이들과 흥겹게 대화를 나누었다. 박희양 씨가 손자를 보았다는 소식도 들었다. 아기의 건강과 산모의 빠른 회복을 빌었다.

배에 돌아오니 집에 돌아온 것같이 좋았다. 크루즈 직원들이 친절하게 맞아 주었다. 모든 승객들은 적어도 배가 떠나기 30분 전에는 돌아와야 한다. 들어올 때 스크린 검사를 받아야 하기 때문이다. 우리 배는 정각 20시에 샌프란시스코를 떠났다. 수많은 네온사인이 별처럼 빛나는 시가지가 점점 멀어졌다. 양쪽 육지를 이은 금문교도

배로 돌아오는 승객을 친절하게 맞이하는 크루즈 직원들.

멀어졌다. 이별을 고하는 라이브 음악도 끝나고, 어느새 갑판엔 아무도 없었다. 와인 한 잔 들고 생각에 잠겼다. 어두운 하늘에 별만 반짝인다. 스콧 메켄지(Scott Mckenzie)의 노래 〈샌프란시스코(San Francisco)〉를 흥얼거렸다.

만약 당신이 샌프란시스코에 갈 거라면 머리에 꽃을 몇 개 꽂고 가세요. 만약 샌프란시스코에 갈 거라면 거기에서 친절한 사람들을 만날 거예요. 샌프란시스코에 오는 분들에게 여름은 사랑의 시간을 줄 거예요. 샌프란시스코의 거리에는 머리에 꽃을 꽂은 친절한 사람들이 있지요. 전국적으로 퍼지는, 특이한 느낌, 움직이는 사람들, 움직이는 사람들. 샌프란시스코에 올 사람들은 머리에 꽃을 몇 개 꽂고 가세요. 샌프란시스코에 올 거라면 여름은 사랑의 시간을 줄 거예요.

2019년 2월 7일, 목요일, 흐림

하와이(Hawaii) 호눌룰루(Honolulu)까지 4일 걸린다고 했다. 남편은 감기몸살이 아직 낫지 않아 여전히 침대에 누워 있었다. 마음이 무거웠다. 갑판에 나가니 바람이 많이 불어 걷기 힘들었다. 구름 낀 바다 색이 유난히 검푸르렀다. 하얗게 부서지는 파도가 모이고 흩어지면서 신비한 무늬들을 만들었다. 그 모양을 한참 들여다보았다. 햇빛이 없는 하루를 실내에서 보내야 해서 일기 쓰기에 좋고, 책을 읽기에도 좋았다.

일본작가 히가시노 게이고(Higashino Keigo)의 소설 『나미야

잡화점의 기적』을 읽기 시작했다. 사람들은 이야기를 좋아한다.
어린시절 아랫목에 모여 앉아 할머니의 옛날이야기를 듣던 때에도
호기심에 찬 동그란 눈들이 올망졸망 귀를 기울였다. 얼마나
조마조마하게 이야기를 들었는지 모른다. 새 책을 접할 때마다 그런
호기심과 기대가 크다. '기적'이라니, 무슨 이야기일까.
코모도르 클럽에 앉아 있으면 온통 바다만 보였다. 갑자기 돌고래
떼가 지나간다고 모두 다 창가로 모여들었다. 순간이지만 돌고래 떼는
많은 것을 환기시켰다.
오후에는 영화 〈빅토리아와 압둘 (Victoria & Abdul)〉을, 저녁에는 조
웨스트(Joe West)의 원맨쇼를 보았다.
누워 있어도 배의 흔들림을 느낄 수 있었다. 바람이 얼마나 센 것일까.
온종이 감기몸살을 앓으며 누워 있는 남편이 안쓰럽다. 어서
쾌차하기를 기도했다.

2019년 2월 8일, 금요일, 흐림

여전히 배가 많이 흔들렸다. 밖을 보니 아침 해가 떴으나 어둡다.
바다마저 흐릿하다.
다음 도착지인 하와이(hawaii) 호놀룰루(Honolulu)에 대한 여행
정보를 들었다. 말로만 듣던 와이키키(Waikiki) 해변을 실제로 가볼 수
있게 되었다. 설명만 들었을 뿐인데도 마음이 한없이 들떴다.
그런데다 오랜 동안 소식이 없던 백병주 언니와 연락이 닿았다.
하와이에 산다고 했다. 놀라운 우연이었다.

영화 〈진주만(Pearl Harbor)〉을 보았다. 2차 세계 대전 속에서 뒤엉킨 사랑과 우정에 대한 애틋한 이야기였다.

오늘 저녁엔 검은색과 흰색 무도회가 열렸다. 드레스 코드에 맞춰 하얀색과 검정색이 어우러진 멋진 드레스가 눈에 띄었다. 남자들 나비넥타이도 멋졌다. 옷만으로도 멋진 분위기를 만들어낼 수 있다니. 우리 식탁 옆에는 전신마비 된 남자가 있었다. 이 70세 남자는 영국 경찰이었는데 도둑을 잡으러 갔다가 불행하게도 반신불수가 되었다고 했다. 그가 누운 침대를 부인이 끌고 다녔다. 영국 사우샘프턴에서 부인과 딸 그리고 딸 친구와 함께 배에 탔는데, 딸과 친구는 내리고 부인만 동반하고 있었다. 저녁 만찬 때면 멋진 정장을 차려입고 등장하는 부부를 보고 웨이터들이 서로 도우려고 했는데, 환한 웃음을 지으며 고맙다고 말하는 부부가 밝고 인상적이었다. 참 멋지고 행복한 잉꼬 부부다. 침대에 누운 채로 세계 여행을 하는 열정과 우애가 넘치는 가족에게 박수를 보냈다.

2019년 2월 9일, 토요일, 흐림

여전히 바람이 셌다. 갑판에 나서니 걷기도 힘든 데다 간밤에 비가 내렸는지 바닥이 젖어서 미끄러웠다. 승객들 안전을 위해 직원들이 열심히 물기를 닦아내고 있었다. 다시 찬란한 하루가 시작되었다. 남편의 감기몸살이 조금 나아졌다. 딸 모나네도 아들 기도네도 모두모두 잘 있다는 소식이 왔다. 다음주에 사위 니키(Niki)까지 캐나다 몬트리올에 가면 딸네와 아들네가 다 모인다면서 가족들 소식과 함께 사진도 보내왔다. 손자, 손녀를 보면 어렸을 적 아들, 딸이 생각난다. 한글을 배우라고 야단을 치기도 하고 한국어로 말하라고 고집을 부리기도 했는데, 지금은 아들과 딸이 제 아이들에게 한국어로 말 하라고 나를 종용하고 있다. 잘 커줘서 고맙다. 행복한 가정을 꾸려 오손도손 살고 있는 아들과 딸이 참 대견하다.

발코니에 나가니 바람이 고스란히 느껴졌다. 검푸른 바다를 보았다. 얼마나 감사한 일인지 모른다. 이번 여행을 통해 하루하루를 감사함으로 받아들이고, 감사할 수 있음에 또 감사한다. 아침, 점심, 저녁 식탁에 차려진 진수성찬에 감사하고, 하루 온종일 모든 시간을 온전히 나를 위해 쓸 수 있다는 것에 감사한다.

20일에 있을 낭독회를 준비했다. 겸손한 마음으로 기도했다. 잘난 척도 특별한 척도 하지 말고, 욕심도 내지 말고, 공손히 기도하는 마음으로 준비하게 해주세요. 듣는 사람도 하나님이 준비해 주세요. 오후에는 사모아(Samoa) 아피아(Apia)와 통가(Tonga) 누쿠알로파(Nukualofa)에 대한 여행 정보를 들었고, 영화 〈오리엔트 특급 살인(Murder on the Orient Express)〉을 보았다. 저녁에는 앨런 스튜어트(Allan Stewart) 쇼가 있었다.

오늘도 바람이 세고 파도가 높을 것이라고 했다. 벌써 4일째다. 샌프란시스코를 떠난 뒤부터 날씨 때문에 배가 계속 심하게 흔들린다. 선탠을 못하는 사람들은 벌써 며칠째 안타까운 시간을 보내고 있다. 운동이랍시고 갑판을 걷는 일도 센 바람 때문에 힘들다. 파도가 높다. 부서지는 파도가 유난히 하얗고 길게 밀려간다. 갑판에 나가 누워 있을 수도 없고 해서 지루하기만 한 데다 인터넷도 제대로 되지 않거니와 비싸서 맘대로 사용하지 못하니, 이런 날에는 하루 종일 책과 함께 시간을 보낸다. 저녁 식사 때 자리를 같이하는 팀원과 만나는 시간이 유일하게 대화하는 시간이다.

저녁 공연은 영어권 코미디언이 출연했는데 나만 관람했다.

오늘은 시간을 한 시간 뒤로 조정했다. 한 시간을 얻은 셈이다.

바닷바람 탓인지 매우 피곤하다.

2019년 2월 10일, 일요일, 맑음

일요일이다. 여전히 바람이 세고 배가 흔들려서 머리가 약간 아팠다. 바람 없는 항해가 그립다.

오전 10시에 마틴 샤플즈(Martyn Sharples) 선장이 주관하는 예배에 참석했다. 아쉽게도 영어로 예배가 진행되어서 이해하지 못하는 것이 많았지만, 마음은 평온해졌다. 기도는 언어의 방해를 받지 않는다. 마음의 언어는 누구든지, 언제든지 소통할 수 있다.

내일은 하와이 호놀룰루에 도착한다. 속히 바람이 잦아져 더 이상 배가 흔들리지 않기를 바란다.

2019년 2월 11일, 월요일, 맑음

바람이 불고, 구름이 끼고, 배가 심하게 흔들리는 항해가 지루하고 괴로웠다. 게다가 배가 흔들리는 통에 넘어져서 책상 모서리에 등을 부딪혔다. 아프다는 소리조차 내지 못하고 주저앉아 꼼짝할 수 없었다. 아픔이 가시기를 기다리면서도 아찔했다. 이런, 아름다운 호놀룰루가 눈 앞인데 다치고 말았다. 다행히 남편이 준 약을 먹으니 아픔이 덜했다.

새벽을 뚫고 기다리고 기다리던 호놀룰루에 도착했다. 오아후(Oahu) 섬 남쪽 해변가에 있는 하와이 수도다. 이곳에는 그 유명한 와이키키 해변, 다이아몬드 화산구, 일본군이 기습한 진주만(Pearl Harbor) 등이 있다. 세계적인 관광지다. 야자수, 여러 가지 색이 섞인 화려한 무늬 옷, 꽃을 머리에 꽃은 여인들, 몽환적인 노래, 햇빛이 내리쬐는 눈부신 해변 들이 상상되는 아름다운 곳이다. 누구나 한 번쯤 가보고 싶어하는 낙원이다.

하와이에 사는 백병주 언니가 9시 반에 우리를 데리러 온다고 했다. 이 언니 부부를 마지막으로 만난 것이 10여 년은 족히 되었다. 한글학교 행사를 통해 가끔 만나던 언니 부부. 남편 백 박사님은 고향이 충청남도 공주시로 나와 동향이다. 언니네는 1년 반 전에 하와이로 이사왔다고 했다.

오랫동안 연락이 끊어졌던 언니와 다시 만날 수 있게 된 사연에는 감사할 게 많다. 언니 부부는 결혼 45주년 기념 여행으로 독일 베를린도 방문할 계획이어서 내 생각이 났다고 한다. 다행히 어떤 분을 통해 내 연락처를 알 수 있었는데, 그분이 2018년 10월에 한국에서 열린 충청인향우회 모임 때 나와 방을 같이 썼던 분이었다. 귀한 인연에 감사할 따름이다. 마침 라스베이거스로 여행갔던 언니네가 어제 하와이에 돌아왔다고 하니 하마터면 못 만날 수도

크루즈에서 본 호놀룰루.
호놀룰루 시가지와 다이아몬드 화산구가 보이는 풍경.

야자수, 몽환적인 노래, 햇빛이 내리쬐는 눈부신 와이키키 해변.

오랜만의 상봉한 백병주 언니 부부와 함께.
한국 식당에서 맛있게 먹은 돌솥밥.

하와이 전통 음악과 춤 공연.

있었다. 기막힌 인연에 또한 감사할 따름이다.

기다리고 기다리던 하와이에서 반가운 사람이 우리를 기다린다고
하니 어찌나 기쁘고 마음이 들뜨던지 모른다.

오늘은 여행 코스 선정도, 현지 가이드도 필요없이 호놀룰루 항구에서
기다리고 있는 언니만 찾으면 되니 마음이 홀가분했다. 다른 크루즈
친구들이 부러워했다.

오랜만의 상봉이었다. 꿈만 같은 일이었다. 백병주 언니 부부는
우리를 데리고 자동차로 이곳저곳을 구경시켜 주었다. 한국 식당에서
맛있는 점심도 먹었다. 순두부, 불고기, 호박나물, 미역나물 등 반찬도
푸짐했다. 돌솥밥과 김치가 맛있었다. 8월쯤에 언니 부부와
함부르크에서 다시 만날 것을 약속하며 헤어졌다.

우리 배가 다음 항구를 향해 움직였다. 아름다운 만남, 아름다운
호놀룰루. 다시 한 번 오고 싶은 인연의 도시가 뒤로 뒤로 물러섰다.
저녁 무대에서는 하와이 전통 음악과 춤이 공연되었고, 여가수 로베나
비 폭스(Lovena B. Fox)의 노래는 관중을 사로잡았다.

반가운 만남의 여운이 남아 쉽게 잠이 들지 못했다.

2019년 2월 12일, 화요일, 맑음

오늘부터 다음 정착지인 사모아 아피아까지 4일을 항해해야 한다.
크루즈를 타고 망망대해를 떠가며 세계 일주하는 여행은 이번이 내
생애 처음이자 마지막이겠지. 바다가 더욱 정겨웠다.
그랜드로비에서는 야채, 과일 등으로 장식을 만드는 실연이 있었다.

오늘도 체조, 연주회, 강연회, 영화, 춤 강습 등 다양한 문화 프로그램이 진행되었다.

남편은 함께 스캇(Skat) 할 사람을 찾았다고 기뻐했다. 반대로 나는 컴퓨터가 말썽을 일으켜 하루 일과를 기록하지 못해 신경이 곤두섰다. 옛날에는 직접 손으로 글을 쓰면서도 불편한 줄 몰랐는데 지금은 컴퓨터가 제대로 작동하지 않으면 너무 불편하고 힘들다.

이리저리 뒹굴면서 하루를 보냈다. 바다를 보며 책을 읽고, 바다를 보며 글을 쓰러 했던 계획이 잘 실천되지 않는다. 하는 일 없이 먹고 마시고 또 먹고 마시니 몸이 우둔해진다.

오늘 저녁엔 하와이안 무도회(Hawaiian Dance Night)가 열렸다. 무도회에 맞게 의상을 차려입은 많은 사람들 덕분에 밤 분위기가 한층 고조되었다. 여행 올 때 미리 각각 주제에 맞는 의상들을 일일이 다 챙겨왔나 보다. 무도회가 시작될 때마다 전속 무용가들의 멋진 춤 공연이 펼쳐져 더욱 더 열기를 뿜었다. 하와이안 음악에 맞춰 춤을 추는 참가자들은 적어도 나이가 65세 이상은 될 것인데 열정적이었다. 서양 사람들은 파티 때 주로 춤을 추지만, 한국 사람들은 춤보다 노래를 부른다. 처음 독일에 왔을 때 파티가 자주 열렸는데, 늘 춤을 추어야 해서 낯설었다. 한국에선 밤무대에 서는 사람들이나 춤을 추는 것으로 생각할 정도로 춤에 대한 인식이 좋지 않은데다 생활이 우선인 대부분 사람들은 춤 출 기회조차 없었다. 신명이 날 때 덩실덩실 어깨춤을 추는 정도가 한국 사람들 춤이었다. 그런 한국 사람들이 낯선 독일에 와서 자주 춤을 춰야 했으니 난감할 수밖에. 그러나 한국

그랜드로비에서 열린 야채, 과일 등으로 장식을 만드는 실연.

하와이안 무도회.
큐나드 전속 뮤지컬팀 원 웨이 오어 어나더 공연.

사람들 정서도 독일에 맞춰 변하면서 춤은 파티마다 빠지지 않는 것 중 하나가 되었다. 춤 추는 것이 일반화되면서 정식으로 춤을 배우는 사람들도 많아졌다. 젊은 시절 나도 주말이면 디스코장에 가서 신나게 춤을 추었다. 지금은 다리에 힘도 빠지고 움직임도 둔해 보는 것만으로 즐거움을 대신하지만, 그때는 신나는 음악이 나오면 무대를 휩쓸기도 했다.

하와이안 스타일은 아니지만 빨간 꽃을 머리에 꽂으니 그런 대로 분위기가 살아났다.

큐나드 전속 뮤지컬팀 원 웨이 오어 어나더(One Way or Another)의 화려한 공연도 함께했다.

2019년 2월 13일, 수요일, 흐림

엊그제 넘어지면서 다친 등이 아팠다. 남편이 준 약을 먹으니 아픔은 가셨지만, 자꾸 잠이 왔다.

오늘은 남편의 68세 생일이었다. 남편과 함께하는 행복한 세계 일주 여행을 허락해 주신 하나님께 진심으로 감사했다. 남편에게 색이 짙고 무늬가 많은 하와이안 셔츠와 양말을 선물했다.

인터넷은 참 대단하다. 시간과 공간을 무감하게 만든다. 멀리 캐나다에 있는 아들네와 딸네 식구들이 남편 생일 축하 영상을 보내왔다. 생일 축하 노래를 부르는 모습이 너무너무 아름다웠다.

힐다, 쿠어트 그리고 유나까지 온 가족이 모두 모였다. 점점 더 커지는 우리 가족 모두에게 하나님의 평화가 함께하길 기도했다.

코모도르 클럽에서 크루즈 친구들과 함께한 남편 생일 축하 모임.

오후에 코모도르 클럽에서 생일 축하 모임을 가졌다.

앙겔리카(Angelika), 클라우스(Klaus), 산드라(Sandra), 미햐엘(Michael) 그리고 우리 부부가 함께했다. 낯선 장소, 낯선 사람들과 좋은 친구가 되어 남편 생일을 축하했다. 오후 내내 얼마나 웃고 웃었는지 남편은 평생 가장 많이 웃은 생일 파티로 추억에 남을 거라며 좋아했다. 나도 마찬가지였다. 이렇게 맘이 맞는 사람들과 함께 여행을 할 수 있다는 것은 큰 행운이다.

저녁에는 코미디언이면서 서커스 예술인인 나다니엘 랜킨(Nathaniel Rankin)의 쇼가 있었다.

하루하루 의미있게 보낼 수 있어서 감사할 따름이다.

2019년 2월 14일, 목요일, 맑음

오늘은 사랑의 날, 밸런타인데이(Valentine Day)다. 사랑하는 사람에게 줄 빨간 장미, 하트(심장)가 그려진 여러 선물들이 상점에 진열되었다. 여기저기에 싱싱한 꽃들을 꽂아 놓아 마음을 들뜨게 했다. 꽃은 사람들에게 기쁨도 주고 웃음도 주고, 마음에 평안도 준다. 나는 꽃을 좋아한다. 우리 집 식탁에는 늘 싱싱한 꽃이 꽂혀 있다. 꽃가게든 어디서든 꽃을 보면 꼭 사진을 찍고, 자세히 들여다본다. 모양도 색깔도 향기도 모두모두 아름답다.

남편은 새벽 수영을 다시 시작했다. 몸의 우둔함을 방지하기 위해 식사를 과일로 바꾸었지만, 여전히 움직임이 불편했다. 운동을 해야 하는데, 나는 등쪽 갈비뼈 부근이 아파 갑판 걷기를 미루었다.

날씨가 좋아 갑판에는 선탠하는 사람들로 가득했다.

영화 〈셰익스피어 인 러브(Shakespeare in Love)〉를 재미있게 보았다.

사랑의 날에 알맞은 영화였다. 브로드웨이에서 활동하는 여가수

로베나 비 폭스(Lovena B. Fox)의 공연도 있었다.

오늘은 석양이 구름에 가려 그다지 아름답지 않았다. 아직도 컴퓨터가

작동하지 않아 마음이 무겁다.

저녁 식사 때, 사랑의 날이라고 장미 한 송이를 받았다.

오늘 밤 자정에는 날짜변경선(International Date Line)을 통과하기

때문에 하루 24시간을 앞당기니 2월 15일 금요일 없이, 16일로 넘어가

토요일이 된다.

날짜변경선은 경도 0도인 영국 그리니치 천문대의 180도 반대쪽

태평양 한가운데(경도 180도)로, 북극과 남극 사이 태평양 바다 위에

세로로 그은 가상의 선이다. 날짜가 달라서 올 수 있는 혼란을 피하기

위해, 사람이 사는 섬이나 육지를 피해서 동일지역은 하나로 묶어 이

세로선을 만든다. 이는 관련 국가의 결정에 따르므로 실제 정확한

직선은 아니며 좀더 복잡한 모습을 보인다. 즉, 북으로는 미국의

알류샨 열도를 지나 러시아의 캄차카 반도, 남으로는 뉴질랜드

동쪽으로 일부 휘어져 있다. 이 선을 기준으로 서쪽에서 동쪽으로

넘을 때는 날짜를 하루 늦추고, 동쪽에서 서쪽으로 넘을 때는 하루를

더한다. 우리 배는 동쪽에서 서쪽으로 가면서 날짜변경선을 넘으니

하루를 더하게 되는 것이다. 설명을 들었지만 얼떨떨하다.

2월 15일은 그렇게 사라졌다. 사라진 날을 대신하여 날짜변경선을

저녁 식사 때 받은 사랑의 날 붉은 장미 한 송이.
브로드웨이에서 활동하는 여가수 로베나 비 폭스 공연.

통과했다는 증서와 함께 적도(Equator)를 통과했다는 증서를 받았다.

2019년 2월 16일, 토요일, 맑음

금요일 없이 토요일을 맞은 아침이다. 다행히도 등쪽에 아픔이 약간
가셨다.

오전에 타우랑가(Tauranga)에 대한 여행 정보를 들었다.
뉴질랜드(New Zealand) 북섬 북동부 해안에 있는 항구 도시다.
집을 떠난 지 벌써 1개월 2주째로 접어들었다. 배는 이미 우리 집이
되었다. 여전히 친구들은 4개월 동안 제한적인 공간에서 많은
사람들과 지내는 것이 얼마나 답답하고 불편할까 이러저러하게
염려한다. 해보면 안다. 여기는 5성급 호텔 아니던가. 금세 적응해
불편함도 모르고, 공간이 제한적인 줄도 모른다. 우연히 함부르크에서
온 승객 세 명과 친구가 되었는데, 매주 수요일 티타임 때 만나 수다도
떨면서 즐거운 시간을 보낸다. 특별히 사람들과 부딪힐 일도 없다.
오히려 홀로 한적한 시간을 갖는다. 매일매일 바다를 보는데도
지루하지 않고, 바다가 더 그리워진다. 빨리 지나갈까 봐 조바심이
생긴다.

오후에 적도 통과 의식이 있었다. 무사 안녕을 비는 의식으로 어느
배든지 이곳을 지날 때 이런 의식을 한다고 했다. 앞쪽 수영장에서
진행되었는데, 이 통과 의식을 보기 위해 많은 사람들이 모였다.
시작을 알리는 대장의 인사가 있었다. 수영장 가장자리에는 4개의 큰
그릇에 각각 다른 색 끈적끈적한 물과 미끌미끌한 국수를 담아 놓았고

Tokyo

PACIF

180th Meridian

Sydney

Auckland

NOTES:—
A modification of the 180th Meridian which
marks the difference in time between East and
West. The date is put forward a day when
crossing the Line heading West and back a day
when heading East. The International Date line
was chosen at the International Conference 1884.

Stateroom 8127

Los Angeles

EAN

Panama

The Voyager whose name is hereby inscribed

Frau Young Nam Lee Schmidt

has traversed the Pacific Ocean
crossing the

INTERNATIONAL DATELINE

on board __**MV QUEEN VICTORIA**__

on the __**16**__ of __**February 2019**__

Captain Tomás Connery

Master

PACIFIC OCEAN

Reference:-
At Noon Greenwich Mean Time,
Standard Clocktimes at the following ports are:-
Los Angeles ~ 4 am   Auckland ~ Midnight
Panama   ~ 7 am   Sydney ~ 10 pm
Honolulu ~ 2 am   Tokyo   ~ 9 pm

ARCTIC OCEAN

C

Tokyo

Los Angeles

Hong Kong

Tropic of Cancer

PACIFIC OCEAN

Equator

Tropic of Capricorn

Sydney

INDIAN

OCEAN

The Voyager whose name is hereby inscribed

Doctor Wolfgang Schmidt

has crossed THE LINE that divides

the North from the South

on board   **MV QUEEN VICTORIA**

on the __14__ *of* __February 2019__

Captain Tomás Connery   *Master*

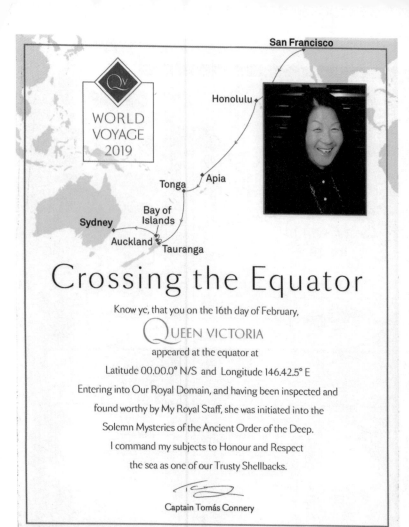

WORLD VOYAGE 2019

San Francisco

Honolulu

Apia

Tonga

Bay of Islands

Sydney

Auckland

Tauranga

Crossing the Equator

Know ye, that you on the 16th day of February,

QUEEN VICTORIA

appeared at the equator at

Latitude 00.00.0° N/S and Longitude 146.42.5° E

Entering into Our Royal Domain, and having been inspected and

found worthy by My Royal Staff, she was initiated into the

Solemn Mysteries of the Ancient Order of the Deep.

I command my subjects to Honour and Respect

the sea as one of our Trusty Shellbacks.

Captain Tomás Connery

날짜변경선 통과 증서와 적도 통과 증서(130-135쪽).

San Francisco

WORLD
VOYAGE
2019

Honolulu

Apia

Tonga

Bay of
Islands

Sydney

Auckland Tauranga

Crossing the Equator

Know ye, that you on the 16th day of February,

QUEEN VICTORIA

appeared at the equator at

Latitude 00.00.0° N/S and Longitude 146.42.5° E

Entering into Our Royal Domain, and having been inspected and

found worthy by My Royal Staff, she was initiated into the

Solemn Mysteries of the Ancient Order of the Deep.

I command my subjects to Honour and Respect

the sea as one of our Trusty Shellbacks.

Captain Tomás Connery

웃음과 환호, 요란한 응원이 더해져 소란스러운 적도 통과 의식.

각각 진행자들이 옆에 서 있었다. 한가운데에는 큰 생선을 든 진행자들이 서 있었다. 의식에는 4명씩 한 팀이 된 4개 팀이 참가했다. 출발 신호와 함께 선수들은 한가운데로 달려가 큰 생선과 입맞춤 한 다음 가장자리 큰 그릇으로 달려갔다. 그러면 큰 그릇 옆에 있던 진행자들이 달려온 선수들에게 끈적끈적한 물과 국수를 머리로부터 발끝까지 끼얹거나 발라주었다. 우스꽝스런 몰골이 된 선수들은 수영장으로 뛰어들어 수영을 한 다음, 출발선으로 돌아가 다음 선수에게 바통을 넘겼다. 이 릴레이 의식은 제법 흥미진진했다. 라이브 연주가 흥을 돋우고, 박자를 맞춰 이겨라 이겨라 하는 응원이 열렬해졌다. 선수들은 온 힘을 다해 의식에 임했다. 생선을 들고 있거나 큰 그릇 옆에서 끈적하고 미끌거리는 물과 국수를 끼얹는 진행자들, 응원하는 사람들 모두가 신이 나서 소리를 지르고 야단법석이었다. 수영장 물은 금방 지저분해졌다. 승리한 팀에게 상과 선물을 수여하는 것으로 모든 의식이 끝났다. 적도를 통과한다는 것은 선원들이나 승객들 모두에게 대양을 가로질러 새로운 세계로 나아가는 상징적인 일이다. 적도 통과 의식은 적도를 지키는 신에게 올리는 제사와 같은데, 아무래도 망망대해에서는 조용하고 근엄하게 제사를 지내면 신이 모를 수 있다. 웃음과 환호, 요란한 응원이 더해져 소란스러워야 신과 함께할 수 있다. 너무나 인간적인 의식 덕분에 아주 특별하고 재미있는 오후를 보냈다.

저녁에는 호흡이 잘 맞는 부부의 실로폰 연주와 춤 공연이 있었다. 남자의 실로폰 소리가 어찌나 부드럽고 맑은지, 여자의 춤은 얼마나

호흡이 잘 맞는 부부의 실로폰 연주와 춤 공연.

인상적인지 여러 차례 앙코르를 받았다.

밤 늦게 갑판에 오르니 적막한 가운데 파도소리만 쉐쉐 들렸다.
하늘에 뜬 반달과 별들을 보니 옛날 즐겨 불렀던 한명숙의 노래
〈그리운 얼굴〉이 떠올라 흥얼거렸다. "별들이 하나 둘 살아나듯이,
뽀얗게 떠오르는 그리운 얼굴!"

2019년 2월 17일, 일요일, 맑음

숨바꼭질하듯이 항해를 하다 보면 도착할 항구에 대한 호기심이
커진다. 오늘은 아침 일찍부터 사진기를 들고 나왔다. 아직 해가
뜨려면 이른 시간이지만, 어둠 속에서 육지가 보이기 시작하는
순간부터 가슴이 뛰었다. 안개에 묻혀 서서히 드러나는 육지는
신비로웠다. 사모아의 수도 아피아에 도착했다. 우폴루섬(Upolu Is-
land)의 북쪽에 위치한 아피아는 독일 사람들이 건설한 항구 도시다.
과거에 사모아가 독일 영토였다는데, 남태평양 화산섬까지 손을 뻗은
독일 사람들은 어떠했을까? 환영받았을까?
이른 아침 항구에 도착하게 되면, 아직 밤이 완전히 지나간 것도
아니요 아침이 밝은 것도 아니어서 평화롭게 쉬면서 아름다운
해돋이를 만나게 된다. 아피아 시가지와 그 뒤를 받치고 있는 높고
신비스런 산들이 비단 천에 가려진 것같이 비밀스러웠다.
야자수가 아름다운 아피아 투어를 위해 20인승 작은 버스에 올랐다.
우연하게도 우리 차 안내인 이름이 우리와 같은
'슈미트(Schmidt)'였다. 사모아 전통 복장을 한 데다 검은 피부, 검은

머리, 작달막하고 둥근 얼굴을 한 그가 슈미트라고 자신을 소개하자 한바탕 웃음이 일었다. 독일인 할아버지 이름이 슈미트였고, 아버지도 자신도 또 아이들도 다 슈미트라며, 계속 슈미트가 태어날 것이라고 그는 밝게 웃었다. 슈미트는 한국의 김씨 같이 흔한 독일 성인데, 모습이 전형적인 한국인인 내가 어떻게 독일 성을 가졌냐면서 웃기도 했다. 서로 다른 문화, 다른 나라에서 태어난 슈미트 셋이 만난 것은 보통 인연이 아니었다. 우리는 안내인과 다시 한 번 악수하고 사진도 찍었다. 그는 이곳의 역사, 교육, 사회 등 여러 가지 정보를 친절하게 소개했다. 말끝마다 수줍은 듯 웃는 모습이 마치 어린아이 같아 더욱 인상에 남았다.

해변에 그림처럼 서 있는 야자수, 그리고 높고 높은 산, 빽빽이 들어선 원시림이 한껏 멋스러웠다. 작년에 갔던 포루투갈 아조레스제도(Azores Islands)의 풍경과 흡사했다. 그곳도 눈 닿는 곳마다 연초록 들판인데다 이를 더욱 멋지게 해주는 야자수가 있어서 사진 찍기에 바빴다.

버스는 해변을 지나 구불구불 산길을 달렸다. 병풍과 같은 산과 저 멀리 보이는 바다 풍경이 빠르게 스쳐갔다. 도착한 해변에는 하얀 모래와 푸른 바다 위로 햇빛이 찬란하게 쏟아지고 있었다. 누가 먼저라 할 것 없이 첨벙첨벙 바다로 뛰어들었다. 평온했던 바다가 갑자기 사람들로 가득 찼다. 2시간여 동안 놀고 쉬며 시간을 보내고 점심으로 바비큐를 먹었다. 너무 오래 구워서 닭다리가 까맣게 탔지만, 바닷가에서 먹는 음식은 그저 꿀맛이었다.

크루즈에서 보는 아피아 시가지와 그 뒤를 받치고 있는 높고 신비스런 산들.
포루투갈 아조레스제도 풍경과 흡사한 해변 풍경.

아피아 투어를 위한 20인승 작은 버스들.

코코아 농장 체험.

돌아오는 길에 폭포 두 곳과 코코아 농장을 둘러보았다. 시원한 줍만이 아니라 나무도 열매도 잎사귀도 뿌리도 모두 생활에 사용되는 코코아를 현장에서 보고 체험했다.

몇 시간의 나들이를 마치고 배에 도착하니 갑판에선 파티가 열렸다. 에코녹스 그룹 라이브 연주에 맞춰 춤과 노래로, 좋은 인상을 남긴 아피아와 이별했다.

항구를 떠날 때면 늘 갑판에서 이별 파티가 열린다. 많은 사람들이 모여 멀어져 가는 육지를 향해 손을 흔들고, 배는 부지런히 다음 도착지를 향해 떠나간다. 점점 육지가 시야에서 멀어지고 어둠이 드리워진다. 다시 한번 찾고 싶은 곳 아피아여, 안녕. 멋진 추억을 갖게 해줘서 고마워.

오늘도 맛있는 저녁 식사와 즐거운 대화 그리고 멋진 공연으로 하루를 마감했다.

2019년 2월 18일, 월요일, 약간 흐림

우리 배는 통가 수도 누쿠알로파를 향해 항해하고 있다. 항해를 하는 날은 모든 것을 늦게 시작해도 상관없으니 마음이 느긋해진다.

아침 9시에 우리 식탁 친구들과 함께 갑판에 모여 식사했다. 앙겔리카가 사모아에서 사온 과일을 함께 먹자고 한 것이었다. 호호하하 호호하하 즐거운 아침이었다. 앙겔리카는 사무실을 두 개나 운영하는 변호사다. 그녀의 남편 클라우스도 변호사인데 그는 은퇴했다. 아직 젊은 산드라도 인터넷 회사에서 일하는데, 그녀의

에코녹스 그룹 라이브 연주.
러시아 부부 서커스 공연.

남편 미하엘은 자신이 경영하던 회사를 팔고 은퇴했다. 남편은 앙겔리카, 클라우스와 호흡이 맞는지 가끔 오후에 만나 카드놀이를 했다. 덕분에 한층 활기를 찾았다.

사람의 운명은 좀처럼 알 수 없다. 우리와 함께 크루즈 세계 일주 여행을 오지 못하고 병마와 싸우고 있는 조와 크리스틴(Christine)이 생각나 마음이 아프다. 우연히 발견한 암 때문에 여행도 포기하고 투병 중인 안타까운 친구 조가 생각날 때마다 어서 건강해지기를 기도한다.

남편도 자주 허리가 아프다고 호소한다. 나이가 들어가니 안타까운 일이 많아진다. 그때마다 나는 우리 건강을 보살피고 여기까지 오게 해주셔서 감사하다고 기도한다.

오늘 저녁에는 러시아 부부 서커스 공연이 있었다. 유연하고 자유롭게 몸을 움직이는 묘기가 놀라웠다.

느긋하게 책도 읽고 잠도 자고 충분히 쉬면서 시간을 보내다 보니 어느덧 밤이 되었다. 별들이 총총하게 자신을 밝혀 밤하늘을 아름답게 수놓고 있었다.

2019년 2월 19일, 화요일, 맑은 뒤 비

오늘 아침이 기다려지는 것은 어둠 사이로 육지가 모습을 드러내기 때문이었다. 눈을 뜨자마자 커튼을 열고 살며시 내다보았다. 해돋이가 밤을 밀어내자 수줍은 듯 바다 위로 띄엄띄엄 솟아난 섬들이 보였다. 통가 누쿠알로파에 도착했다. 저 멀리 보이는 몇몇 건물이 이 도시 전부라니 믿어지지 않았다. 이렇게 작은 수도를 가진 나라는 처음이었다. 우리 배를 보고 전통 의상을 차려입은 원주민들이 항구에 나와 노래와 춤으로 환영한다. 잠시 뒤, 맑던 하늘이 캄캄해지면서 비가 내리더니 금새 개이고 앞에 보이는 빨간색 지붕 뒤로 오색 찬란한 쌍무지개가 하늘에 떴다. 비가 오는데도 열렬히 환영하는 원주민들 공연을 가까이서 보자고 우리는 계획없이 내렸다. 남편은 여행을 주선해 주겠다는 현지인들과 잠시 흥정하더니 오전 9시 반부터 오후 4시까지 우리를 안내하겠다는 사람과 100달러에 합의했다. 별 특별한 것이 없다는 사전 정보가 있었는데 정말, 눈을 크게 뜨고 둘러봐도 사진에 담고 싶은 곳은 없었다. 쓰러진 나무와 허물어진 집들 따위가 가도가도 어수선한 풍경이었다. 작년에 큰 홍수가 나서 많은 피해를 입었다고 안내인은 친절하게 설명해 주었다.

영국의 유명한 탐험가, 항해사, 지도 제작자였던 제임스 쿡(James Cook) 선장이 다녀간 곳을 구경했다. 캡틴 쿡(Captain Cook)으로도 불렸다는 그는 태평양을 3번이나 항해했고, 하와이 제도를 발견했고, 오스트레일리아 동해안에 도착하는 등 바다를 누빈 탐험가로 세계 항해 일지, 뉴질랜드 해도 제작 등 역사에 남을 중요한 업적을 남겼다. 그 유명한 캡틴 쿡이 이 작은 나라에 왔다니 그 자리에 동상이 세워질 만했다.

쓰나미에 떠밀려 왔다는 커다란 바위도 보았다. 주변이 온통 단순한 평지인데 한가운데 덩그러니 놓여진 큰 바위에는 풀과 나무가 자라고 있었다. 쓰나미의 위력이 얼마나 대단한지 상상할 수 있었다.

창 밖으로 보이는 몇몇 건물이 전부인 도시 풍경.
노래와 춤으로 환영하는 원주민들.

영국의 유명한 탐험가 제임스 쿡 선장이 다녀간 곳에 세워진 동상.
쓰나미에 떠밀려 왔다는 커다란 바위.

돌아오는 길에 해변에서 잠시 수영도 하고 선탠도 하려 했으나,
바다가 산호로 뒤덮인 데다 너무 얕아서 수영조차 할 수 없었다.
실망스럽긴 했지만 대신 현지 카페에서 안내인에게 식사를 대접했다.
친절하게 안내해준 데 대한 보답이었다. 인터넷이 연결되는 곳이어서
메일, 메시지 따위를 확인하고 가족과 친구들에게 소식을 보내고
받았다.

크리스틴에게서 소식이 왔다. 약간 좋아졌다고는 하나, 살이 많이
빠진 조가 휠체어를 끌고 걷는 모습이 담긴 사진을 보고 마음이
무거웠다. 나의 기도는 더욱 간절해졌다.

원주민들이 항구에 나와 무사안녕을 기원하는 노래와 춤을 공연했다.
자연밖에 아무것도 없는데도 평온하게 살아가는 이곳 사람들 모습은
많은 생각을 하게 한다. 진정한 행복은 무엇일까?

이별의 인사로 손을 흔들며 배로 돌아오니 갑판에선 이별 파티가
열렸다. 라이브 연주가 흐르는 가운데 누쿠알로파가 멀어져 갔다.
손에 든 와인이 저녁 햇살을 받아 그윽해 보였다.

늦은 밤, 갑판에 오르니 보름달이 두둥실 떴다. 태평양 한가운데
떠가는 우리 배를 수없이 많은 별들이 지켜보고 있었다. 문득 둥근 달
아래서 숨바꼭질도 하고 고무줄 놀이도 했던 어린시절 친구들이
그리웠다.

침대에 누워 아이들과 손자손녀들 사진을 보면서 웃다가 피곤했는지
누가 먼저랄 것 없이 잠이 들었다.

2019년 2월 20일, 수요일, 맑음

오늘은 내가 낭독회를 하는 날이었다. 벌써 며칠 전부터 머리를 풀고 마음을 풀고 또 생각을 풀었더니 온전히 공허한 상태였다. 이런 상태에서 다시 생각을 모으려니 힘들었다. 마음이 더욱 무거워졌다. 몇 년 전, 한국에서 출간된 나의 자서전 『하얀 꿈은 아름다웠습니다』(동심방, 2012)를 독일어로 번역해 『Yongi: oder die Kunst, einen Toast zu essen』(Taschenbuch, 2018, www.Deutsche-Literaturgesellschaft.de)를 출간했다. 개인적으로는 내 가족을 위한 일이었으나, 한국인 이민 50주년을 맞아 독일인들에게 한국 노동자들이 왜 파독했으며 독일 사회에 어떤 영향을 주었고 어떻게 정착했는지 알려주고자 하는 바람도 있었다.

어제 저녁에 받은 프로그램에 내 낭독회 기사가 조그맣게 실렸다. 독일 승객을 위한 안내인 레나(Lena)가 준비해 준 것이었다. 고마운 레나. 한편 남편은 독일 승객이 적어도 200여 명이나 되는데 독일어로 된 프로그램이 없다고 불평을 했다.

이미 몇 번이나 남편과 연습했지만 여전히 불안하기는 마찬가지였다. 마음이 어수선해 아침을 먹고 잠시 쉬었다가, 그저 재미있고 좋은 추억이니 가볍게 하자고 마음을 가다듬고 다시 낭독회 준비를 했다. 낭독회에는 20여 명이 모였다. 내 소개와 함께 인사를 한 뒤, 남편이 전체적으로 내 책을 소개했다. 1960년대 가난했던 한국 정세를 시작으로 약 2만 명 정도나 되는 한국 광부와 간호사들이 왜 독일에 왔으며, 어떻게 성공적으로 정착했는가 등을 간단명료하게 설명했다.

그 뒤로 내가 내 책에서 '나는 왜 독일에 왔는가', '언어와 문화가 다른
곳에서 어떻게 적응했는가', '이 책을 통해 무엇을 전달하고 싶은가'
이렇게 3개의 테마를 중심으로 쓴 내용을 선택해서 읽었다.

낭독한 뒤, 질문과 대화의 시간을 가졌는데, 참석자들은 많은 호기심을
가지고 묻고 또 많은 관심을 가지고 듣곤 했다. 비록 1시간 정도
진행된 짧은 낭독회였지만, 여행 중 이런 행사를 했다는 것만으로도
기쁘고 또 영원히 추억에 남을 순간이어서 자부심도 생겼다. 잘했어.
내 등을 감싸안고 볼에 키스하는 남편과, 축하한다며 박수를 쳐주는
사람들에게 깊이 고개 숙여 감사 인사를 했다. 잘하고 못하고를 떠나
내 이야기를 담은 책을 소개하고, 읽고, 대화했다는 것이 뿌듯했다.
오늘 모인 사람들이 오래도록 내 이야기를 기억하면 좋겠다.
낭독회를 끝내고 오후에 편한 마음으로 리도 갑판에 앉으니 긴장이
풀렸는지 금세 잠에 빠졌다.

몇 년에 걸쳐 라이프치히도서전, 프랑크푸르트도서전을 다니며 내
책에 관심 있는 독일 출판사를 찾았다. 열정 없이는 할 수 없는 힘든
일이었다. 결국 출판하겠다는 출판사를 만났을 때 얼마나 감격해
눈물을 흘렸던가. 포기할 줄 모르는 내 성격이 해냈다며, 우리 가족은
나를 꼭 안아 주었다. 출판한 뒤 몇몇 낭독회와 강연에 초대되어
바쁘기도 했던 나날들이 꿈만 같다. 언젠가 손자손녀들이 내 한국
책과 독일 책을 읽는다면 얼마나 좋을까. 꿈 속에서도 웃음이 환했다.
바다도 하늘도 내 편인지 평화로웠다.

오늘 저녁에는 세계 일주 여행자들을 위해 선장이 초대하는 환영

QUEEN VICTORIA   Reisenummer V906
Mittwoch, 20. Februar 2019
Sonnenaufgang: 06.15 Uhr
Sonnenuntergang: 19.30 Uhr

Kleiderordnung für den Abend: Gala
Auf See

Tagesprogramm.

Vom Navigator.

Nachdem Queen Victoria Nuku 'Alofa verlassen hat, passierte sie dem westlichsten Punkt der Insel bevor Sie südlich in Richtung Tauranga fährt. Auf dem Weg wird sie an dem Tongagraben passieren. Der Tongagraben ist ein ozeanischer Graben (Tiseerinne) im Südpazifik. Er ist an seiner tiefsten Stelle, auch bekannt als Horizontief, 10.882 Meter tief.

Bitte beachten Sie, dass der Nachmittagstee heute zur geänderten Zeit von 15.15Uhr bis 6.15Uhr im Queens Room serviert wird.

Deutsche Sprechstunde.

Sie haben Fragen oder Anliegen? Kommen Sie zur deutschen Sprechstunde.

9.30Uhr – 10.00Uhr, Grand Lobby, Deck 1, beim Pursers Office.

Zumba®.

Mit Entertainment Director Neil Kelly.

09.15Uhr, Queens Room, Deck 2

Hafenpräsentation: Bay of Islands.

Bay of Islands ist mit 144 Inseln, seinen abgelegenen Buchten und dem herrlichem Meeresleben der schönste Maritimpark in Neuseeland. Einer der Höhepunkte ist eine Kreuzfahrt nach Cape Brett, um den bekannten „hole in the rock" zu sehen. Jedoch lehren Sie der Besuch im Geburtsort Neeseelands auch mehr über Maori Legenden und Traditionen.

10.00Uhr, Royal Court Theatre, Deck 1, 2 & 3

QUEEN VICTORIA auf hoher See in Richtung Tauranga, Neuseeland.

Heute Abend im Royal Court Theatre.
International preisgekrönte Sängerin, Annie Frances.
„Die 70er Jahre feiern."

Mit einer international anerkannten Stimme, war Annie Francies bereits auf Bühnen in ihrer Heimatstadt Sydney Australien, in New York City und auf der ganzen Welt.
Die Liebe zur Musik und ihre natürliche Vielseitigkeit machen Sie zu einer begehrten Bühnenkünstlerin. Annies Repertoire verfügt über beliebte Lieblingslieder, Broadway Musicals, mehrsprachige Klassiker, Country und sogar Schweizer Jodeln.
Präsentiert von Entertainment Director, Neil Kelly.
20.30Uhr & 22.30Uhr, Royal Court Theatre, Deck 1, 2 & 3

Heute Abend im Queens Room.
Südpazifik Ball.

Ein zauberhafter Abend mit dem Queens Room Orchester mit Gesang von Natalie Angst und Brian Moore und unter musikalischen Leitung von Kerry Maule. Verpassen Sie zudem die spektakuläre Tanzvorstellung von unserem internationalem Tanzpaar Matthew und Yumika um 22.15Uhr nicht. Gefolgt von einer besonderen Aufführung von ihren Queen Victoria Sängern.
Ab 21.15Uhr, Queens Room, Deck 2

Deutsche Lesung von einem Gast:
Young-Nam Lee-Schmidt liest aus "Yongi: oder die Kunst, einen Toast zu essen".

Young-Nam Lee-Schmidt wird aus ihrem, in Deutschland (2017) erschienen, Buch vorlesen. Sie wird über ihre Heimat Korea, ihre Reise als sie 1974 als Krankenschwester nach Deutschland kam und über ihr neues Zuhause in Deutschland erzählen. Lassen Sie sich überraschen.

11.00Uhr, Connexion 2 & 3, Deck 3, Mittschiff

Filmpremiere.
„Bohemian Rhapsody".

Im Jahr 1970 gründen Freddie Mercury und seine Bandmitglieder Brian May, Roger Taylor und John Deacon die Band Queen. Schnell feiern die vier Männer erste Erfolge und produzieren bald Hit um Hit, doch hinter der Fassade der Band sieht es weit weniger gut aus: Freddie Mercury kämpft mit seiner inneren Zerissenheit und versucht sich mit seiner Homosexualität zu arrangieren.

15.00Uhr, Royal Court Theatre, Deck 1, 2 & 3

프로그램에 조그맣게 실린 낭독회 기사(152, 153쪽).

Deutsche Lesung von einem Gast:

Young-Nam Lee-Schmidt liest aus "Yongi: oder die Kunst, einen Toast zu essen".

Young-Nam Lee-Schmidt wird aus ihrem, in Deutschland (2017) erschienen, Buch vorlesen. Sie wird über ihre Heimat Korea, ihre Reise als sie 1974 als Krankenschwester nach Deutschland kam und über ihr neues Zuhause in Deutschland erzählen.
Lassen Sie sich überraschen.

11.00Uhr, Connexion 2 & 3, Deck 3, Mittschiff

낭독회 참석자들과 함께.

파티가 있었다. 오늘도 한복을 입었다. 나에게는 한복보다 눈에 띄는 의상이 없다. 내가 입은 한복을 보고 '원더풀 원더풀' 하면서 칭찬해 줄 때마다 웃으며 '감사합니다'라고 한국말로 답했다.

오늘 하루 한복 때문에 유명해지고 또 낭독회 때문에 유명해졌다. 나를 알아보는 사람들을 만날 때마다 책 이야기, 인생 이야기, 한국 이야기 들을 나누었다. 그 중 한 사람을 수요일마다 오후에 만나는 함부르크 수다클럽에 초대하기도 했다.

남편은 좀 엉뚱하게 사람 놀래키는 재주가 있다. 여행 끝나는 날까지 사진을 맘대로 찍을 수 있는 사진 앱을 300달러나 주고 샀다며 내게 건네주었다. 이제부터 맘껏 사진을 찍으라고 했다. 유난히 사진찍기를 좋아하지 않는 남편이 사진 앱을 사와서 놀랐다. 우리들 결혼식 때도 사진을 찍지 않겠다고 해 억지로 사진관에 데리고 가서 찍었던 기억이 있다. 내 맘대로 사진을 찍을 수 있다면 결국 남편은 나의 모델이 되어야 하는데, 그런 대로 재미있는지 거절하지 않았다. 처음엔 자연스럽지 않더니 점점 모델 같은 포즈도 취했다.

저녁 무대에서는 빨간 드레스를 입은 정열적인 여가수가 노래했다. 뿌듯한 하루였다.

2019년 2월 21일, 목요일, 흐림

낭독회라는 숙제를 해결하니 긴장감도 사라지고 마음이 한결 가벼워졌다. 오전 6시 반, 창 밖을 보니 아직 어둠이 덜 가셨고 바다 위로 안개가 덮여 뿌옇다. 너무 이르다 싶어 다시 잠을 청해보았지만 잠이 오지 않았다. 아직도 다친 등쪽 뼈가 잠자리 방향을 바꿀 때나 잘못 움직이면 아팠다. 마냥 낫기를 기다리는 방법 외에 뾰족한 수가 없다고 했다. 선잠 속에서 조와 크리스틴이 생각났다. '사람이 살아 있다고 볼 수 없다'라는 말이 현실이 되어 요즈음 많은 생각을 하게 했다. 몇 달 전까지만 해도 하고 싶어하는 계획들이 많다며 용기백배했는데, 누가 먼저라고 할 것 없이 각자 많은 계획들을 이야기하며 행복했는데, 그 용기와 계획들이 헛되다니. 꼭 다시 한 번 이 행복을 누릴 기회를 달라고 기도했다.

남편은 중단했던 수영을 다시 시작했는데, 나는 발가락 하나가 붓고 아파 갑판 걷기를 중단한 지 3일이나 되었다. 빨리 나아져서 갑판 걷기를 다시 시작할 수 있기를.

오늘 아침에는 오스트레일리아(Australia) 시드니(Sydney)에 대한 여행 정보를 들었다. 세계적인 도시 시드니에서는 2일간 머물게 되어 매우 기대된다. 게다가 아는 사람이 마중나온다 해서 더욱 반갑고 기쁘다. 내일 도착할 타우랑가에 대한 여행 정보도 읽어 보았다. 이번에 밟게 될 육지는 어떨까? 바다에서는 육지가 그리워지고, 육지에서는 바다가 그리워지는 항해는 늘 감사할 일이 많다. 무사 안녕에 감사하고 나아가 지구라는 환경을 주신 것에 감사한다. 환경 오염이 심각해지는 시대에 이러한 감사를 이어가자면, 하나뿐인 소중한 지구를 깨끗하게 보전해야 한다. 항해는 별 걸 다 감사하게 한다.

크루즈 내에 세탁소가 있지만 세탁비가 비싸서 사람들은 대부분 공용 세탁기를 사용했다. 층층마다 세탁기와 건조기가 있는데 늘 이용자가 많아 기회를 얻기 어려웠다. 오가면서 관찰해 보니 저녁 식사 때가 한가해 보였다. 오늘 저녁 식사 때, 작정하고 모아두었던 빨래를 들고 가보니 예상대로 세탁기가 모두 비어 있었다. 세탁기 속에 빨래를 한가득 넣고 신이 나 노래를 흥얼거렸다. 앞으로 2주 정도는 빨래 걱정 없다. 마음놓고 지내도 된다.

2019년 2월 22일, 금요일, 흐림

아침 일찍 눈이 떠졌다. 밖을 내다보니 새벽 안개 속에 작은 섬이 보였다. 호기심에 자세히 보니 삼각형 모양의 작은 섬 옆으로 기다란 섬이 보이기 시작하면서 줄지어 다른 섬들이 보였다.

뉴질랜드 북섬 북동부 해안에 있는 항구 도시 타우랑가에 도착했다. 타우랑가는 원주민인 마오리족 말로 '휴식처', '안전한 곳' 이라는 뜻이라고 한다. 바다가 오염되지 않아 연안에 돌고래가 서식한다고 하니 맞는 말이다.

오클랜드(Aukland)에서 약 200킬로미터 떨어진 곳, 화산대지에 있는 도시 로터루아(Rotorua)에 있는 테 푸이아 와카레와레와 지열지대(Te Puia Whakarewarewa Geothemal Valley)로 가는 티켓을 샀다. 이곳은 화산활동 체험, 키위농장 체험, 원주민 마오리족 전통 체험 등으로 유명한 곳이라 했다. 우리가 탄 버스에는 9명이 함께했다.

운전기사이자 안내인은 친절했다. 비가 오락가락했다.

맨 처음 도착한 키위농장에는 길 옆으로 유난히 높은 울타리가 둘러져 있었다. 아마도 날씨 변화에 영향을 적게 받기 위한 것 같았다. 키위도

크루즈에서 보는 뉴질랜드 타우랑가.
크루즈가 정박한 항구 풍경.

옛날 원주민들 삶과 생활을 실제로 보고 느낄 수 있는 공연.
여기저기서 뜨거운 김이 올라오고, 뜨거운 물을 높게 뿜어내는 화산지대.

무서운 표정을 한 원주민 조각상.

맛보고, 키위에 대한 정보도 들었다.

다음에 도착한 로터루아 협곡에는 '새해 복 많이 받으세요'라는 한글 표지판과 안내책자가 있었다. 한자와 일본어로 된 표지판도 있었다. 관광객 80%가 동양 사람이라고 했다. 떠들썩한 소리가 들려 가보니 원주민 공연이 한창이었다. 옛날 원주민들 삶과 생활을 실제로 보고 느낄 수 있는 공연이었다. 아래 부분만을 가린 특이한 옷을 입었는데 눈을 부라리고 또 혓바닥을 내밀면서 춤을 추는 모습이 매우 특이하고 용맹해 보였다. 곳곳에 있는 조각들도 마찬가지였다. 상대에게 공포를 주기 위한 표정이 생생했다. 자기방어를 위해서라는데 자연의 생존법칙이 얼마나 험상궂은지 알 수 있었다.

여기저기서 뜨거운 김이 올라오고 또 뜨거운 물을 높게 뿜어내는 지열지대도 구경했다. 자연의 신비가 생동하는 이곳은 지금도 지열이 만드는 간헐천, 온천, 진흙 연못, 분기공 등이 많아 관광객들에게 특별한 구경거리였다. 안전을 지켜야 하는데다 사람들이 많아 사진 찍는 것은 힘들었지만 장관이었다.

친절한 안내인이 뉴질랜드의 아름다운 자연을 잘 볼 수 있도록 우리를 안내했지만, 비가 오고 안개가 껴서 제대로 보지 못해 아쉬웠다.

2019년 2월 23일, 토요일, 흐린 뒤 맑음

뉴질랜드 두 번째 방문지인 오클랜드에 도착했다. 큰 도시답게 큰 건물들이 시야에 들어왔다.

얼마 전 한국에 있는 친구 김태진 씨에게 안부를 묻는 메시지를

보냈더니 뉴질랜드에 가면 꼭 고정미 씨를 만나야 한다면서 연락처를
알려 주었다. 반가운 마음에 연락하려 했으나 우리 배의 인터넷
연결이 좋지 않아 고정미 씨와 연락이 안 됐다. 비가 올 것 같이 날이
흐렸다. 고정미 씨와 연락하지 못해 아쉬운 내 마음 같았다.

관광안내소를 찾다가 수족관까지 무료로 운행하는 상어 모양 차를
타게 되었다. 엉겁결에 수족관도 구경했다. 수족관 앞에서 시티 투어
버스를 타고 시내로 들어갔는데 마침 점심 때였다. 우연히 한국
식당을 발견한 것부터 행운이었다. 고기 뷔페여서 김치랑 고기를 실컷
먹었다. 낯선 곳에서 만나는 고향 음식은 얼마나 반가운지 모른다.
반가운 일이 또 있었다. 고정미 씨로부터 연락이 왔다.

해밀턴(Hamilton)에 사는 그녀가 나를 만나기 위해 2시간이나 버스를
타고 온다는 것이었다.

고정미 씨는 내가 한인학교 교장이었을 때 1년에 한 번씩 한국에서
열리는 전 세계 교장학술대회에서 처음 만났다. 거의 10여 년 전
일이다. 반가운 그녀를 통해 오클랜드에 사는 계춘숙 씨까지 연락이
되었다. 오클랜드 한글학교 교장으로 한국에서 만나 알게 된 계춘숙
씨도 함께 보기로 했다.

오후 4시쯤 오클랜드 한글학교 남자 선생이 운전하는 자동차가 와서
나를 픽업했다. 한국 사람들끼리 재미있게 보내라며 남편은 자리를
비켜주었다. 기적같이 만나 더욱 반가운 사람들과 회포를 풀었다.
자동차는 오클랜드 전망이 일품이라는 데번포트(Devonport)
빅토리아산(Mt.Victoria)으로 달렸다. 차 속에서 목소리 높여 얼마나

크로주에서 본 뉴질랜드 오클랜드 항구.
오클랜드 항구에 정박한 퀸 빅토리아.

수족관까지 무료로 운행하는 상어 모양 자동차.
반가운 고정미 씨, 계춘숙 씨와 함께 한국 식당에서 회포를 풀며.

데번포트 빅토리아산에서 본 오클랜드 전망.
갑판에서 바라본 오클랜드 야경.

많은 이야기들을 했는지 모른다. 정상에 앉아 노래도 부르고 사진도 찍고 또 감격의 포옹도 하면서 한없이 기쁘고 즐거웠다.

저녁 때, 오클랜드에서 가장 유명하다는 한국 식당에 갔다. 오랜만에 얼큰한 해물찜과 순두부를 반가운 사람들과 먹으니 더 맛있었다. 시간은 너무 빨리 지나가 어느덧 우리 배가 떠날 시간이었다. 잊지 못할 추억을 안겨 준 오클랜드가 이별의 뱃고동 소리와 함께 멀어졌다. 오랫동안 손을 흔들었다. 눈물이 볼을 타고 흘러내렸다. 오클랜드야, 잘 있어. 친구들아, 잘 있어.

2019년 2월 24일, 일요일, 흐림

뉴질랜드 세 번째 방문지인 베이오브아일랜드(Bay of Island)에 도착했다. 아직도 비 기운이 가시지 않은 채 뿌연 안개가 바다를 덮고 있었다. 작은 섬들이 하나 둘 보이기 시작했다. 1,144여 개의 작은 섬들이 있는 이곳은 뉴질랜드 사람들에게도 유명한 관광지다. 지금이 여름이라는데, 여름 같지 않은 서늘한 날씨였다. 항구에 정박할 곳이 없어 우리 배는 바다 한가운데 닻을 내렸다. 육지로 가자면 텐더를 이용해야 했다.

어제 친구들과 만난 여운이 아직도 남아 있었다. '만남'이라는 노래를 흥얼거리며 오클랜드 쪽을 바라보았다. 이 여행을 선택한 것부터 행운이었다. 세계 여러 나라, 여러 도시에 사는 친구들을 만나게 되고 영원히 잊지 못할 추억이 많이 생긴다.

오늘은 배를 타고 바다 한가운데를 누비고 싶어서 속력이 빠른 배,

뉴질랜드 베이오브아일랜드 항구.
바다 한가운데 닻을 내린 퀸 빅토리아.

'만남' 이라는 노래를 흥얼거리며 바라본 바다.
베이오브아일랜드 풍경.

숨막힐 정도로 아름다운 바닷가 절벽.
돌고래와 함께 헤엄치는 관광객들.

카타마란(catamaran)을 찾아 흥정했다. 크루즈 측 여행상품이 1인당 165달러로 너무 비싸서 현지 여행사를 찾아보기로 한 것이다. 우리는 멋진 카타마란을 1인당 100달러에 탈 수 있었다. 이 지역 명소인 바닷가 절벽, 동굴, 하얀 모래 해수욕장 등을 둘러보았다. 숨막힐 정도로 아름다운 풍경이 펼쳐졌다. 유유하던 배들이 돌고래 떼가 나타나자 바다를 질주하기 시작했다. 이곳저곳에서 돌고래 떼가 나타나 숨박꼭질하듯이 이리저리 배들이 쌩쌩 달렸다.

우리 옆에 있는 배는 아예 손님들을 돌고래가 있는 곳에 풀어놓았다. 돌고래들과 함께 수영하는 환상적인 풍경이었다. 돌고래가 바다 위로 높게 뛰어오르는 순간을 사진에 담으려고 여러 번 시도했는데 아쉽게도 만족스런 사진은 없었다. 빠른 속력으로 바다를 누비는 카타마란은 날아오를 것 같았다. 배에 부딪히고 흩어지는 하얀 파도가 우리를 적셨다. 눈부신 태양이 쨍쨍하게 웃었다. 아, 나도 모르게 바다를 향해 소리쳤다. 가슴이 뻥 뚫리는 것 같았다. 약 4시간 정도 바다를 질주한 배는 속력을 낮추고 우리를 항구에 내려놓았다. 배에서 내리니 약간 어지러웠다.

우리 배로 돌아오니 카타마란을 타고 돌고래 떼와 경주하느라 흥분되었던 마음이 편안하게 풀어졌다. 잊지 못할 바다 소풍이었다. 앞으로 시드니까지 이틀 동안 항해한다. 그동안 밀린 숙제도 하고 책도 읽고 또 잠도 푹 잘 수 있다. 중간 중간 항해하는 날은 푹 쉴 수 있어 좋다.

2019년 2월 25일, 월요일, 흐림

오늘은 다시 한 시간을 뒤로 보내, 한 시간씩 늦어졌다. 편하게 늦잠을 자고 일어났다.

파도가 높아 유난히 배가 흔들렸다. 제대로 걷기도 서 있기도 힘들 정도였다. 이런 날 바다를 보면 바람이 얼마나 강력한지 알 수 있다. 온통 하얀 거품을 내뿜으며 부서지는 바다. 바람은 연신 파도를 만들고 부서지고 만들고 부서진다. 무섭기까지 한 바다인데, 바라보고 또 바라봐도 바다는 지루하지 않다. 수줍은 것처럼 잔잔할 때도 좋고, 성난 것처럼 출렁거려도 좋다. 어느 표정이어도 바다는 한결같이 좋다. 이번 여행을 통해 나는 바다와 친구가 되었다.

아침에는 오스트레일리아 비자 때문에 분주했다.

오늘은 박희채 씨가 쓴 책 『가니까 길이더라』를 읽기 시작했다. 장자의 이론을 토대로 쓴 이 책이 자신을 돌아볼 수 있는 기회를 주는 책이라니 기대가 된다. 박희채 씨는 외교관으로 리비아(Libya) 수도 트리폴리(Tripoli)에서 대사로 근무했던 분이다. 우리도 1984년, 아들이 한 살 반이었을 때 리비아에서 200여 킬로미터 떨어진 미스라타(Misrātah)에서 살았었다. 그때 당시 제철소를 건설한다며 유럽과 아시아에서 많은 사람들이 몰려와 살았는데, 의사인 남편이 그곳에 사는 유럽인 가족들을 위해 2년 동안 머물렀기 때문이다. 그때 자주 트리폴리에 들르곤 했다. 리비아를 떠올리자 신이 나서 할 말이 많아진 나는 남편과 함께 추억을 쏟아놓았다.

저녁 무대에는 빅토리아 크루즈 전속 무용팀의 공연이 있었다.

할리우드 스토리를 내용으로 한 것이었다. 여러 번 보았지만 훌륭한 공연이다.

파도 치는 밤, 태평양을 건너면서 리비아의 추억을 더듬으며 잠을 청했다.

2019년 2월 26일, 화요일, 흐리다 맑음

여전히 배가 많이 흔들렸다. 구름아, 어서 비켜라. 찬란한 해돋이와 석양이 보고 싶구나.

오후에 '손님 탤런트 쇼'가 있었다. 노래, 춤, 만담 등 손님들과 배에서 일하는 사람들이 펼치는 쇼라서 어색하고 부족했는데 오히려 더 재미있었다. 갖가지 의상도 화려했다. 탤런트 쇼를 보노라니 그 옛날 여성회에서 했던 쇼가 생각났다. 여성회 행사 때마다 춤이나 코미디 또는 연극 등의 다양한 프로그램을 만들어 무대에 올렸는데, 무대 체질이었던 나는 늘 뽑혀서 출연하곤 했다. 특히 생각나는 것은 '글방 이야기'로 내가 훈장 역할을 했다. 꼿꼿한 훈장과 천방지축 글방 학생들이 펼치는 코미디다. 웃음이 터져나오는 짧은 연극에서 나는 콧수염을 달고, 삼각형 모자를 쓴 채 위엄있게 연기했다. 남자 역할이라면 내가 가장 적합하다며 다들 몰아세우는 통에, 늘 남자 역할을 해야 했던 추억이 떠올라 살며시 웃음이 새어나왔다.

다행히도 오후부터 바람이 잦아들었고 배가 덜 흔들렸으나 멋진 석양은 볼 수 없었다.

크루즈 세계 일주 여행을 특별하게 하는 것 중 하나는 저녁마다 특별공연이 있다는 것이다. 매일매일 남편과 함께 톱 탤런트가 펼치는 공연을 보는 것은, 일상에서는 절대 불가능한 일이다. 누가 매일 이렇게 다양한 공연을 찾아볼 수 있겠는가. 관람료만으로도 허리가 휠 것이다. 방문한 나라와 도시, 함께 기념할 만한 특별한 날들과 연관해 하루도 빠짐없이 짜여진 공연 프로그램은 당연히 최고다.

오늘은 세 명의 테너가 공연을 펼쳤다.

내일 이른 아침에 시드니에 도착한다. 벌써부터 마음이 설레고 또 기다려진다.

2019년 2월 27일, 수요일, 맑음

영국연방에 속하는 나라 오스트레일리아 하면 떠오르는 도시, 시드니. 말로만 듣고 그림으로만 보았던 세계 3대 미항, 시드니에 도착했다. 이번 여행 중 가장 가보고 싶었던 도시가 시드니였다.

오페라하우스(Opera House), 하버브리지(Harbour Bridge), 본다이비치(Bondi Beach), 블루마운틴(Blue Mountains) 등 세계적으로 유명한 볼거리가 많은 곳이다. 이틀 동안 머무니, 여유있게 돌아볼 수 있으리라.

오스트레일리아 동부 해안 뉴사우스웨일스주(New South Wales) 행정도시인 시드니는 오스트레일리아 전체 인구 중 4분의 1이 살고 있는 최대 도시다. 1788년 유형수와 군인들을 데리고 이곳에서 최초 식민지 건설을 개시했는데, 시드니라는 이름은 당시 영국의 각료였던 시드니경의 이름을 딴 것이다. 시드니는 오스트레일리아 개발의 중심지로서 발전했는데, 1851년 인근 배더스트에서 금이 발견된 뒤로 인구가 급증했다. 블루산맥, 호크스베리강, 로열국립공원 등 관광자원이 풍부한 데다 아름다운 해변이 시내와 가까이 있어서 자연과 도시가 한데 어우러진 시드니는 아름답기 그지없다.

아직 채 어둠이 가시지 않은 바다 위에 은은하게 음악이 흐르는 듯 하더니 도시가 서서히 모습을 드러냈다. 시드니를 상징하는 오페라하우스가 저 멀리 보였다.

아쉽게도 시내 중앙에 있는 항구에는 다른 크루즈가 정박해 있어 저녁 때나 되어야 들어갈 수가 있다고 했다. 우리 배는 시내에서 조금 떨어진 바다 위에 정박했고, 불편하지만 텐더를 타고 이동해야 했다. 다양한 관광상품들이 있었지만, 우리는 시드니 시내만 천천히 보기로 했다. 첫 번째로 오페라하우스를 보러 갔는데 관광객들이 너무 많아 떠밀려 가면서 봐야 했다. 오페라하우스를 안 보고 시드니에 다녀왔다고 말할 수 없으니, 눈도장 찍으려는 사람들이 가득하다. 유명세란 이런 것이구나. 오페라하우스는 범선과 조가비를 연상시키는 흰색 지붕이 상징적이고 창조적인데다 항구의 바다 풍경과 조화를 이루고 있어서, 2007년에 유네스코 세계문화유산으로 지정되었다. 1956년 국제공모전에 당선된 덴마크 건축가 요른 웃손(Jørn Utzon, 1918-2008)이 설계했고, 개관식에 영국 여왕 엘리자베스 2세가 참석해서 화제가 되기도 했던 오페라하우스는 1973년에 준공되었다. 콘서트홀, 오페라극장, 스튜디오, 소극장 레스토랑 등이 있는 3개의 건물은 서로 연결되어 있고, 외곽이 테라스

형태로 둘러싸여 걸어서 바다를 보며 건물을 돌아볼 수 있다. 가장 큰 공연장인 콘서트홀은 2,700명을 수용할 수 있고, 건물 높이는 최고 약 20층이다. 이곳에 세계 최대 규모라는 1만 500개의 파이프를 가진 파이프 오르간이 있다. 오페라하우스에서는 인접한 하버브리지 풍경을 한눈에 볼 수 있다. 오페라하우스와 함께 시드니를 대표하는 상징물로 꼽히는 하버브리지는 1932년 개통 당시 세계에서 가장 긴 다리로 주목을 받았다. 오페라하우스와 하버브리지가 함께 찍힌 관광 엽서가 유명할 만하다.

오페라하우스의 세계적인 명성은 오래되었다. 현재는 2017년에 건축된 독일 함부르크의 엘베필하모니가 가장 아름답다고 평가받고 있다. 건축 구조도 독창적이고 세계적이다.

배를 타고 맨리 비치(Manly Beach), 본다이 비치(Bondi Beach), 왕립식물원(Royal Botanic Gardens) 들을 돌아보았다.

저녁 때, 남편의 이란 친구 베자드(Bezad)의 집에 초대를 받았다. 그의 아들 메난(Mean)이 우리를 데리러 왔다. 베자드의 집은 시드니가 한눈에 보이는 33층 고급 아파트였다. 저녁 9시쯤 우리 배가 천천히 움직여 중앙 항구로 들어오고 있는 모습이 보였다. 오페라하우스 건너편에 우리 배가 닻을 내렸다. 오페라하우스와 퀸 빅토리아호 그리고 온 시내를 밝히는 네온사인을 33층에서 모두 조망했다.

저녁 식사를 끝내고 삶, 인간 관계, 사랑, 종교 등에 대해 대화를 나누었는데 영어를 사용해서 남편이 설명해 주는 것 외에는 이해하지 못했다.

크루즈에서 본 시드니.
베자드의 집 33층 고급 아파트에서 본 오페라하우스와 퀸 빅토리아.

하버브리지와 시드니 야경.
오페라하우스 바로 옆에 정박한 퀸 빅토리아.

마침, 베자드의 집에서는 바하이(Bahai) 종교 모임이 있었는데 그냥 돌아갈까 하다가 호기심이 나서 들어보았다. 바하이는 하나님은 한 분이라는 것, 정신적 근원도 하나라는 것, 인류는 평등하게 창조되었다는 것을 토대로 한 종교였다.

배로 돌아오니 우리 방에서도, 발코니에서도, 갑판에서도, 어디에서도 오페라하우스가 있는 시드니 밤 풍경을 볼 수 있었다. 갑판에 나가 시원한 맥주를 마시며, 황홀한 밤을 늦게까지 감상했다.

2019년 2월 28일, 목요일, 맑음

시드니 두 번째 날이다. 오페라하우스와 하버브리지가 한눈에 보이는 장엄한 풍경은 자꾸 사진을 찍게 했다. 아침, 한낮, 저녁이 사뭇 다르고, 날씨와 바람에 따라서도 사뭇 다르다. 관광 엽서로 유명한 풍경을 앞에 두고 너도나도 앞다투어 사진가가 된다. 당연한 일이다. 어제 산 오팔카드(Opal Card)로 대중교통을 이용해 아직 보지 못한 시내와 여러 항구를 둘러보기로 했다.

달링하버(Darling Harbor)가 관광객이 모여드는 중심가라고 해 그 곳을 향했다. 가는 동안 어제 보았던 모습과 또 다른 시가지의 모습이 눈에 들어왔다. 우리는 환호를 날리며 이 도시에 빠져 들어갔다. 호기심이 발동해 많은 곳을 보려니 힘들기도 했다. 중심가답게 높은 건물들이 즐비하게 서 있고 또 짓는 중이었는데, 건물들은 물론 주변의 자연을 그대로 살린 공원들 모두가 아름다운 하모니를 이루었다. 시드니극장(Sydney Theatre), 마켓시티(Market City),

시드니 도심의 이색적인 건물들.
오페라하우스를 지나며.

차이나타운(China Town), 루나파크(Luna Park) 등 볼 것이 참 많았다.
배를 타고 로즈하버(Rose Harbor)에 내려 커피 대신 맥주를 마시며
숨을 돌렸다. 인터넷으로 이곳저곳에 인사와 소식을 전하고 사진도
보냈다. 며느리가 시드니에서 3개월간 머물렀다며 몇몇 가볼 만한
곳을 안내해 주었다.

마지막으로 들른 곳은 옛 모습을 그대로 보존한 술집들이 있는
더록(The Rock)이었다. 그곳에서 전통 옷을 입고 서비스하는 독일
식당을 발견했다. 참새가 방앗간을 그냥 지나치지 못하듯 남편은 독일
맥주와 구운 돼지 뒷다리를 먹으며 기분이 좋아졌다. 내가 한국
식당을 그냥 지나치지 못하는 것과 마찬가지다.

오후 8시 반쯤에 배가 천천히 움직이기 시작했다. 많은 사람들이
갑판에 나와 황홀한 시드니 밤풍경을 보며 저마다의 방식으로 이별을
고했다. 손을 뻗으면 닿을 것 같던 오페라하우스가 서서히 멀어졌다.
시드니는 '세계적인 도시'라는 칭호가 어울리는 도시다. 언젠가 또
다시 오고 싶다. 도시의 불빛이 보이지 않을 때까지 손을 흔들었다.
안녕.

2019년 3월 1일, 금요일, 맑음

일찍 잠에서 깨었다. 커튼을 여니 저멀리 수평선에 환하게 해가 돋기
시작했다. 남편이 깰까 봐 살살 문을 열고 해돋이를 보았다. 떠오르는
해 주변에 몽실몽실 구름이 아름다웠다. 해돋이를 배경삼아 배 한
척이 지나고 있었다. 해돋이는 언제 보아도 늘 새롭고 감동적이다.
얼마나 든든한 시작인가. 얼마나 감사한 일인가. 오늘도 하루가
희망차게 밝았다는 것은.

오늘은 아들 기도의 서른여섯 번째 생일이다. 하나님께서 지금까지 잘
보살펴 준 것처럼 앞으로도 기도의 모든 삶을 보살펴 주리라 믿는다.
감사한 일이다. 딸 모나네가 무사히 독일에 도착했다는 소식이 왔다.
아들과 딸이 어려서도 둘도 없는 사이로 잘 지내더니, 성인이
되어서도 잘 지낸다. 감사한 일이다. 감사가 넘치는 하루하루, 이
감사를 잊지 않게 해주소서.

오전 10시, 에얼리비치(Airlie beach)에 대한 여행 정보를 들었다.
언제나 정박지에 대한 여행 정보를 들을 때면 가슴이 뛴다. 세상에
아름답지 않은 곳이 어디 있을까. 서로 다르기 때문에 더욱 아름답고
소중한 문화이고 자연이다. 그 속에 사는 사람들을 직접 만나는 것은
내가 그들을 구경하는 것도 아니고 그들이 나를 구경하는 것도 아닌
나의 세계와 그들의 세계가 소통하는 것이다. 얼마나 역사적인
순간인가. 그들이 얼굴도 이름도 모르는 나를 기다리듯이 나도 그들을
기다린다. 이제 만나는 일만 남았다.

에얼리비치를 상상하던 순간, 때맞춰 우리 배 옆으로 돌고래 떼가

지나갔다. 손 빠르게 사진 몇 장을 찍을 수 있었지만 항상 아쉽다. 더
많이 고래들과 만나고 싶다.
오후에는 무도회장에서 클래식 피아노 연주가 있었다. 마지막으로
이글스(Eagles)의 〈데스페라도(Desperado)〉를 들었다.

2019년 3월 2일, 토요일, 흐림

아침 6시쯤에 잠이 깨어 커튼을 여니 육지가 서서히 보이기 시작했다.
뿌연 안개 속으로 야자수가 보였다. 공항 옆에 있는 항구였는데
브리즈번(Brisbane)은 여기에서 버스로 40-50분 정도 거리라고 했다.
오스트레일리아 동북부에 있는 퀸즐랜드주(Queensland) 주도인
브리즈번은 세 번째로 큰 도시요 세 번째로 인구가 많은 도시다.
브리즈번이라는 이름은 도시가 자리한 브리즈번강에서 유래했다.
브리즈번강은 1821년에서 1825년 사이에 뉴사우스웨일즈 총독을
역임한 스코틀랜드인 토마스 브리즈번(Thomas Brisbane)의 이름을
따서 지은 것이다. 이 도시는 제2차 세계 대전 때 연합군 작전에
중추적인 역할을 한 더글러스 맥아더(Douglas MacArthur) 장군의
남서태평양군 사령부이기도 했다. 1982년 코먼웰스 게임, 1988년
세계박람회, 2001년 굿윌게임, 2014년 G20 정상회의 등을 개최했던
세계 도시 브리즈번은 '태양의 도시'라고 불릴 만큼 언제나 기후가
따뜻하다. 그레이트 배리어 리프(Great Barrier Reef),
골드코스트(Gold Coast) 등 유명한 관광지로 가는 길목이어서 시드니,
멜버른(Melbourne)에 이어 세 번째로 관광객이 많은 도시다.

우리는 셔틀버스를 타고 시내를 돌아보았다. 여성 안내인이 친절하게 시내 곳곳을 설명하면서 도시 안내 지도를 주었다. 무료로 운행하는 배를 타고 브리즈번강도 돌아보았다. 강가에 형성된 도시가 아주 평화롭고 아름다웠다. 특히 도시를 가로지르는 스토리브리지(Story Bridge)와 주변의 아기자기한 집들이 인상깊었다. 대도시지만 대도시 같지 않게 정돈된 푸근한 도시로, 내가 사는 함부르크와 비슷한 데가 많았다.

함부르크에서 살다가 이곳 브리즈번으로 이사 온 친구를 만나고자 했는데 인터넷 문제로 연락을 할 수 없었다. 또한 시드니에서 만난 남편의 이란 친구 아들 메난의 쌍둥이 동생을 만나고자 했는데 골드코스트까지 가기는 어려웠다. 여기까지 와서 만나지 못하니 이래저래 안타깝기 그지없었다. 내 마음을 아는지 비가 내렸다.

천천히 브리즈번강가를 걸어 시내로 들어가다가 반갑게도 한국 식당을 발견했다. 짬뽕과 순두부로 허겁지겁 배를 채우니 피곤도 풀리고, 마음도 풀렸다. 한결 기분이 나아지고 기운이 났다. 세계 어디를 가나 한국 식당이 있다. 그것도 번화가에 있다. 한국인들의 세계 진출, 그리고 열심히 사는 모습에 박수를 보낸다. 모두 다 이민 생활이 행복하고 성공하길 빈다.

브리즈번 한인신문이 있어 한 부 들고 와서 틈나는 대로 뒤적여 보았다. 내가 기자로 몸 담고 있는 독일 대표 교포신문과 그 내용이 별로 다르지 않다. 한국 사람들이 이민을 가면 가장 먼저 만드는 것이 교회, 한글학교 그리고 신문이라고 한다. 이러한 신문에 가장 많은

오스트레일리아 퀸즐랜드주 주도 브리즈번 거리의 건물들.
브리즈번강과 도시를 가로지르는 스토리브리지.

함부르크와 비슷한 데가 많은 푸근한 도심.
오스트레일리아 브리즈번과 대한민국 대전광역시 친선비.

언제라도 반가운 한국 음식.

것이 광고인데, 한국 사람들의 이민 생활을 엿볼 수 있다. 세계에서 한글로 된 신문이 발간된다는 것에 큰 박수를 보낸다.

늦지 않게 셔틀버스를 타고 배로 돌아왔다.

저녁 무대에 나온 여성 연주자는 어찌나 여러 가지 종류 악기를 잘 다루던지, 모두가 눈이 동그래져서 박수를 쳤다. 재능이란 사람을 놀라게 한다. 사람은 저마다 재능을 갖고 태어난다고 하는데, 그것이 사람을 놀라게 하든 그렇지 않든 이 세상을 살아가는 데 유용하다. 재능을 잘 살릴 수 있도록 응원하고 도와야 하는 것도 이 때문이다. 누군가 무대에서 주목받을 수 있는 것은 그의 재능을 빛나게 하는 다른 재능들이 응원하고 성원하기 때문이다. 응원의 으뜸은 박수다. 매일 저녁 박수가 넘쳐나는 공연이 이어진다. 이것은 크루즈 세계 일주 여행의 특권이다.

2019년 3월 3일, 일요일, 맑음, 한 차례 소나기

어제 많이 돌아다녀서 고단했는지, 아주 깊고 달콤하게 잘 잤다. 우리 배는 에얼리비치로 항해하고 있다. 오랜만에 갑판을 걸었다. 발가락을 좀 다쳐서 며칠을 쉬었는데, 다시 걸으니 좋다. 남편도 수영을 열심히 했다. 오늘은 수영장을 50이나 왕복했다.

오전에는 선장이 주관하는 일요일 예배가 있었다. 많은 사람들이 참석했다. '사람은 살아가는 동안 세 번에 걸쳐 죽을 고비를 넘기는데, 이 고비를 잘 넘겨야 한다'고 했던 아버지 말씀이 생각났다. 엄숙한 예배시간에 엉뚱한 생각이라고 떨치려 했는데 쉽지 않았다. '죽을 고비'란 과연 어떤 상태일까. 죽음은 태어남과 같은 자연적인 것이다.
이것은 스스로 원하고 조정할 수 없기 때문에 언제나 모호하기
마련이다. 죽음이 두렵지 않은 사람이 있을까. 죽음의 문턱에 있는
절박한 상황, '죽을 고비'는 얼마나 무섭고 고통스럽고 힘든 상황일까.
이런 상황이 살아가는 동안 세 번이나 오다니, 이 세 번을 잘 넘겨야
한다니. 무엇이 왜 이런 상황을 만들까. 나의 '죽을 고비'는 언제였고,
무엇이었을까. 그런 고비가 지금까지 몇 번 있었을까.

오후에는 갑자기 비가 내렸다. 바다도 하늘도 순식간에 달라졌다.
똑같은 바다지만 어제가 다르고 오늘이 다르다. 아침, 점심, 저녁
그리고 캄캄한 밤이 다 다르다. 햇빛이 있을 때도 다르고, 구름이 꼈을
때도 다르다. 바람의 강도와 파도의 높낮이에 따라서도 다르다.
육지와 만날 때도 다르고, 끝도 없이 망망한 수평선과 만날 때도
다르다. 다르다, 다 다르다. 나의 생각도 마찬가지다. 생각을 홀홀
벗어던지고 바다에 뛰어들어 헤엄치고 싶다. 공포의 바다가 아니라
편안한 바다라고 믿을 때 뛰어들 수 있듯이, 우리들의 삶 속에서
생기는 마찰과 충돌도 내 입장이 아닌 상대방의 입장에서 이해하려 할
때 평안이 있을 수 있다.

2019년 3월 4일, 월요일, 맑음

5시 41분, 해가 뜬다고 해서 밖을 내다볼 때만 해도 아무것도 보이지
않았는데, 어느 순간 섬들이 보이기 시작했다. 오스트레일리아의
각광받는 휴양지 에얼리비치에 도착했다. 유난히 모래가 하얗고, 물이

선장이 주관하는 일요일 예배.
아침 식사를 하며 바라본 반가운 육지.

얕은 해수욕장이 있어 가족들이 많이 찾는 곳이다. 광대한 방벽 암초를 볼 수 있는 연안 해저 지역이 있어 잠수하는 사람들에도 아주 인기있는 곳이다.

오늘은 날씨가 아주 좋아서, 여행 코스도 모두 좋을 것 같았다. 산드라와 미하엘은 개인당 250달러에 해저 탐방을 예약했다며 들떠 있었다. 우리는 5시간 코스인 휘트선데이섬(Whitsunday Island)을 택했다. 세계에서 10위 안에 든다는 아름다운 해변이 있는 곳으로 쾌속선 카타마란을 타고 1시간 넘게 달려갔다. 산과 바닷가 그리고 구름 한 점 없는 파란 하늘, 모든 것이 아름다웠다. 강한 햇빛이 하얀 모래를 비추니 반사되어 유난히 눈이 부셨다. 이 아름다운 바다에 독해파리가 있어서 우리는 모두 안전을 위해 잠수복을 입어야 했다. 비키니도 벗어야 할 판에 잠수복이 웬 말인가. 시원한 바닷물에 뛰어들어 피부를 적시지 못하는 것이 못내 아쉬웠지만, 해파리 독이 몸에 퍼지면 굉장히 고생한다고 하니 불편해도 감수해야지. 너도나도 잠수복을 입고 바다로 뛰어들었다. 안내인은 물색이 오팔색이라고 설명했다. 바닷물이 햇빛에 따라 하얀색, 연한 노란색, 연한 초록색, 짙은 초록색, 파란 색 따위로 변하는데 이것이 오팔 같다는 것이다. 오스트레일리아가 오팔 주산지라서 그렇다는 농담도 했다. 그의 말처럼 보석같이 아름다운 이 해변에서 오래 머물 수는 없었다. 비싼 뱃삯을 지불하고 애써 왔건만, 정해진 시간에 쫓겨야 하다니. 카타마란으로 돌아오자 정성껏 차려진 점심 식사가 기다리고 있었다. 신선한 음식이 다양했다. 바다에 둥둥 떠서 멋진 풍경을 바라보며

각광받는 휴양지 에얼리비치.
휘트선데이섬.

독해파리가 있어 안전을 위해 잠수복을 입고.

바다 위에서 먹는 점심 식사.
투어를 마치고 크루즈로 돌아가며.

맛있게 먹으니 아쉬웠던 마음이 조금 누그러지긴 했는데, 짧은 식사가 끝나고 아름다운 해변을 떠날 때가 되자 다시 아쉬움이 커졌다. 카타마란은 매정한 속력으로 해변을 벗어났다.

오후 6시쯤에 우리 배는 천천히 다음 항구를 향해 출발했다.

언제나처럼 갑판에는 라이브 음악이 흘렀다.

저녁 식사 때 함께 모인 자리에서 서로의 나들이에 대한 이야기를 나누었다. 해저 탐방을 갔던 산드라와 미하엘은 실망이 컸다. 바다가 많이 오염되어 해저 세계는커녕 바다에 들어갈 수조차 없었다고 했다. 맑은 바다 속에서 해초, 산호초, 다양한 물고기 들을 볼 수 있을 거라는 기대가 무너진 데다 단 하루밖에 없는 귀한 시간을 허비했다는 데 화가 난다고 했다. 투어 코스를 잘못 선택하면 귀한 시간을 허비할 수밖에 없는 것이 크루즈 여행의 가장 큰 단점이다. 크루즈는 정해진 시간 동안만 정박하고 떠나야 하기에 한정된 시간 안에 원하는 것을 해야 한다. 선택은 단 한 번이고, 그 선택이 잘못되어도 돌이킬 수 없다. 금전적으로도 손해고, 마음도 상처를 입는다. 정박지 환경은 언제나 같을 수 없고, 옛날 정보는 믿을 수 없다. 게다가 관광 산업이 발전할수록 자연은 훼손되어 더 이상 볼 수 없는 것들이 늘어난다. 크루즈 측에서는 나름대로 가장 최신 정보로 여러 가지 상품을 제공하나, 현지에는 다양한 변수가 존재한다. 좋은 안내인을 만나는 행운도 있고, 나쁜 사기꾼을 만나는 불행도 있다. 이것은 크루즈 여행만의 문제가 아니다. 화려해지는 관광 산업의 양면성이다.

영국 런던에서 온 유명 코미디언의 공연을 마지막으로 하루가 끝났다.

2019년 3월 5일, 화요일, 흐림

여행을 시작한 지 벌써 3개월째로 접어 들었다. 대서양, 태평양을 지나 오스트레일리아에 와 있다. 벌써 오스트레일리아의 마지막 방문지인 다윈(Darwin)을 향해 가고 있다.

아침 8시쯤 늦게 눈을 떴다. 하는 일도 없는데 몹시 피곤했다. 갑판을 걷는데 몸이 천근만근이었다. 다친 허리뼈가 아직도 아프고, 제대로 움직이지 못해 불편했다. 정신도 육체도 무거웠다. 스트레스가 많으면 병이 되지만, 어느 정도 스트레스는 유용한 자극제가 된다고 한다. 두 달여를 소위 놀고 먹으니 긴장이 풀릴 수밖에. 나름대로 부지런하게 글도 쓰고, 책도 읽고, 몇몇 행사에도 참가하지만 역부족이다. 남편도 부지런하게 수영도 하고, 강연도 듣고, 카드 놀이도 하지만 마찬가지다. 우리에게 활력이 필요하다.

12시에 영화 〈오스트레일리아(Australia)〉를 보았다.

오스트레일리아의 광활한 들판과 자연 풍경을 원없이 볼 수 있었다. 다음 방문지인 다윈도 볼 수 있었다.

석양에 물들어 시시각각 변해가는 바다를 보았다. 해가 수평선 너머로 완전히 사라지면서 천천히 어둠에 덮였다. 어둠 속에서도 연신 출렁이는 바다는 아무리 보아도 지루하지 않다. 생동하는 생명이 기운이 고스란히 느껴진다.

저녁 무대에서는 크루즈 전속 팀 코트 시어터 컴퍼니(Court Theater Company)의 화려한 공연이 있었다.

대극장을 가득 메운 승객들.

크루즈 전속 팀 코트 시어터 컴퍼니의 화려한 공연.
오스트레일리아 무도회.

2019년 3월 6일, 수요일, 흐림

오전 6시 29분에 솟아오른 해와 함께 새날이 시작되었다. 벌써 며칠 낮 며칠 밤을 항해하는데도 아직 태평양이다. 태평양은 얼마나 광활한가. 태평양 마지막 정박지 다윈을 지나면 인도양이 시작되고, 아시아 동남쪽에 닿는다.

오전 10시에 인도네시아(Indonesia) 발리(Bali)에 대한 여행 정보를 들었다. 크루즈 세계 일주 여행을 시작해서 지구를 반 정도를 돌았다. 이제 반 정도가 남은 셈이다.

저녁에는 오스트레일리아 무도회(Australia Ball)가 있었다. 주제에 맞게 차려입은 여성들은 언제 보아도 화려했다. 무도회장에서 댄스파티가 열렸다. 지루할 수 있는 긴 항해에 안성맞춤인 파티였다. 침체된 분위기도 살리고, 에너지도 불어넣었다. 음식도 마찬가지다. 입에 맞는 음식을 먹으면 활력이 생긴다. 여기서도 가끔 한국 음식이 나온다. 전형적인 한국 음식은 아니지만 한국 조미료를 넣은 음식이 나오는데 우리 식탁 사람들은 한국 음식이 나올 때면 모두 다 주문해서 먹는다. 아, 김치와 얼큰한 찌개가 먹고 싶다.

2019년 3월 7일, 목요일, 맑음

아침 해를 맞이할 준비를 하는지 잔잔한 바다가 연한 분홍색 비단천을 깔아놓은 듯하다. 오늘은 1시간도 아닌 30분을 뒤로 조정해, 모든 프로그램이 30분 늦게 시작되었다.

아침 10시부터 오후 3시까지는 영어로 하는 강연이 있었다. 정치,

예술, 역사, 자연 등 흥미있는 내용이지만 영어라서 내겐 소용없었다.
아쉽지만 대신 글을 쓰거나 책을 읽는 수밖에.

김호연 장편소설 『망원동 브라더스』를 읽기 시작했다. 2013년 제9회
세계문학상 우수작으로 선정되었고, 여러 연극 무대에 올려질 만큼
사회적으로 조명된 이 작품은 모두가 공감하는 세대별 고민이
망라되어 있는데다 가볍고 유쾌하기까지 해서 배꼽 빠지게 웃게 되는
이야기다.

책을 선택하는 데 가장 우선하는 것은 호기심인데 이를 자극하는 것은
주로 제목이다. 예전에는 서점에 가서 늘어놓은 책들을 살펴보고
만져보고 읽어보면서 고르고 골랐지만, 요즘에는 인터넷 화면에
나오는 다양한 정보를 보고 선택한다. 제목보다는 믿을 만한 기관에서
선정했거나 명망 있는 상을 수상한 것이 크게 작용한다. 여기에
전문가들 북리뷰도 한몫한다. 그러나 이러저러하게 노출이 많고
부추김이 많은 책들은 실제와 다른 경우가 많다. 더 이상 책 세상은
믿을 만한 세상이 아니다. 경쟁이 치열하다는 것인데, 다행히 치열한
경쟁은 유익한 것을 만드는 발로가 된다. 나는 책을 좋아하고
호기심이 넘쳐서 책이 있는 곳이라면 어디라도 좋다. 글은 말보다
정제된 진실이며, 오류를 배제하려는 기호의 말이다. 이러한 글이
담긴 책은 다양한 질감, 크기, 모양, 색 따위로 공감각을 선사한다.
언제 보아도 지루하지 않은 바다처럼. 언제 보아도 지루하지 않은
책은 아직 우리 삶에 유용하다.

아침 해돋이가 아름다웠다고 저녁 노을도 아름답다. 망망대해에서

일출.

일몰.

보는 일출과 일몰은 반환점과 같아서 희망이 넘실댄다. 사진을 찍고
또 찍고 자꾸 찍는다. 일출, 일몰 사진이 얼마나 많은지 모른다.
저녁 무대에서는 디바 리사 코치(Diva Lisa Crouch)가 공연했다.
내일 다윈에 도착한다니 내심 기다려진다.

2019년 3월 8일, 금요일, 맑음

우리 배는 아침 일찍 다윈에 도착했다. 오스트레일리아 북부,
노던테리토리주(Northen Territory) 주도이고, '아시아로 통하는
문'이다. 생물학자 찰스 다윈 이름을 따서 지었다. 유난히 온도도
습도도 높지만, 카주아리나(Casuarina), 민딜(Mindil) 같은 아름다운
해변도 있어 관광객들도 많다. 시드니 공항에서 비행기로 약 4시간 반
정도나 걸리는 곳인데다 버스 연결도 좋지 않아 불편한 점도 많지만,
그만큼 자연의 신비를 체험할 수 있는 곳이다.
카카두(Kakadu)국립공원, 리치필드(Litchfield)국립공원, 티위섬(Tiwi
Islands) 등이 주요 관광 코스인데, 우리는 폭포로 유명한
리치필드국립공원을 택했다. 8시간 소요되는 코스였다. 우리가 탄
버스는 다윈 시내를 돌아 시외로 향했다. 몇몇 높은 건물 외엔 별로 볼
것 없는데다 날씨까지 뜨거웠다. 여행 중 가장 뜨거운 날씨로 38-
40도였다. 우리가 오랜전에 살았던 리비아의 날씨를 연상케 했다.
처음 도착한 바이센티니엘파크(Bicentennial Park)에서 흰개미들이 몇
십 년에 걸쳐 쌓아올린 흙탑을 가까이서 살펴보았다. 숲에도 들에도
여기저기 탑들이 솟아 있었다. 많은 사람들이 아이처럼 신기해했다.

반가운 육지를 향해 망원경을 꺼내들고.
크루즈에서 본 다윈.

바이센티니엘파크 흰개미집.

리치필드국립공원의 폭포.
번개 쇼.

다음에 도착한 리치필드국립공원에서 플로렌스(Florence), 왕이(Wangi), 톨머(Tolmer) 폭포를 둘러보았다. 시원한 물줄기가 근사한 풍경 사이로 흘러내리고 있었는데, 이를 감상하고 즐기기엔 너무 날이 뜨거워 사진만 찍고 얼른 버스로 피신했다. 43도라고 했다. 날씨가 워낙 덥고 뜨거워서 움직이는 것조차 힘들었다. 숨이 턱턱 막혔다.

투어를 마치고 배로 돌아오니 피곤이 몰려왔다. 추운 것도 힘들지만, 더운 것도 힘들어서 우리는 많이 지쳤다.

밤에는 갑판에서 '번개 쇼'가 벌어졌다. 모양도 가지가지 밝기도 가지가지, 밤하늘에 신비한 번갯불이 번쩍번쩍했다. 더위에 지쳤던 몸이 번쩍번쩍 놀랐다. 천둥소리는 없었지만 깜깜한 밤을 대낮처럼 환하게 비추면서 하늘을 가르듯 몇 시간이나 번쩍번쩍했다. 자연의 신비, 하늘의 신비, 번개의 신비, 처음 보는 신비에 사로잡힌 많은 사람들이 갑판을 서성였다.

이제부터 태평양 항해가 끝나고 인도양 항해가 시작된다.

2019년 3월 9일, 토요일, 맑음

남성적이라는 대서양을 지나고 여성적이라는 태평양을 지나 인도양을 항해하고 있다. 인도양은 어떤 성격을 가졌을까?

오늘은 사랑하는 우리 귀염둥이 유나가 한 살이 되는 생일이다. 세월이 빠르다. 건강하게 잘 커주면 좋겠다. 무엇보다도 딸네가 함부르크로 이사 온다니 기쁘다.

요즈음 우리는 건강을 생각해서 아침에 과일과 요크르트만 먹는다.
다행히도 살이 많이 찌지 않아 좋다.

오전에는 다음 도착지인 베트남(Vietnam) 푸미(Phu My)에 대한 여행
정보를 들었다. 2년 전 남편과 함께 베트남과 캄보디아를 여행하면서
보았던 풍경들이 떠올랐다.

오후에는 영화 〈사파이어(The Sapphires)〉를 보았다. 아름다운
목소리를 가진 오스트레일리아 원주민 소녀 넷이 노래에 대한 꿈을
펼치기 위해 전쟁의 위험도 무릅쓰고 베트남 위문 공연단이 되어
펼치는 파란만장한 이야기다. 실제로 있었던 이야기를 영화로
만들었다는데 아주 감명 깊었다.

저녁에는 세계 일주 여행자들을 위한 초대의 밤으로 무도회장에서
라이브 음악과 함께 가면무도회가 열렸다. 크루즈 측에서 세계 일주
여행자들을 위해 다달이 선물도 주고, 또 이렇게 종종 파티도
열어준다. 케이크로 만든 세계지도는 먹기 아까울 정도였는데, 한국
국기가 없어서 아쉬웠다. 여행도 여행이지만 이렇게 파티며 축제를
경험해 본다는 것 자체가 특별한 추억거리다.

4명의 음악가들이 출연한 공연도 빛났다.

2019년 3월 10일, 일요일, 맑음

오전 10시에 인터내셔널 예배가 있었다. 오늘은 마틴 샤퍼(Martyn
Sharpler) 선장이 주관했다.

찬양한다는 것은, 세상에 대한 감사가 넘쳐나는 일이다. 그런 마음이

세계 일주 여행자를 위한 가면무도회.
세계지도로 꾸민 화려한 케이크.

곧 평화다. 우리의 소원은 평화, 꿈에도 소원은 평화, 우리를 평화에 머물게 하소서. 캣 스티븐스(Cat Stevens)의 노래 〈아침이 밝았네(Morning has broken)〉를 흥얼거렸다.

아침이 밝았네. 태초의 아침같이. 검은 새는 말하네. 태초의 새처럼. 노래를 찬양하라. 이 아침을 찬양하라. 말씀으로 솟아나는 이 신선함을 찬양하라. 단비가 새로 내리고, 하늘에서 별이 쪼이고, 첫 번째 이슬이 첫 번째 풀 위에 떨어지네. 이슬에 젖은 동산의 꿀맛을 찬양하라. 그분의 발자욱 따라 다 완성되었네. 햇빛은 나의 것. 아침도 나의 것. 한 줄기 빛에서 태어나 에덴동산을 이루었네. 의기양양하게 찬양하라. 매일 아침을 찬양하라. 하나님이 만드신 이 새날을 찬양하라.

Morning has broken like the first morning. Blackbird has spoken like the first bird. Praise for the singing, praise for the morning. Praise for the springing fresh from the world. Sweet the rain's new fall, sunlit from heaven. Like the first dewfall on the first grass. Praise for the sweetness of the wet garden. Sprung in completeness where his feet pass. Mine is the sunlight, mine is the morning. Born of the one light Eden saw play. Praise with elation, praise every morning. God's recreation of the new day.

오후에는 크루즈 전속 가수들이 출연한 연극 〈캘리포니아 수트(California Suite)〉가 공연되었다. 부부 사이 문제를 다룬 연극으로, 재치와 재미가 넘쳐 시간 가는 줄 몰랐다.

늦은 오후, 갑판 의자에 누워 책을 읽고 있는데 갑자기 돌고래 떼가 나타났다고 알리는 소리가 들렸다. 여기저기서 사람들이 몰려나와 바다를 살폈다. 수많은 돌고래들이 등을 보이기도 하고 꼬리를 보이기도 하면서 배와 나란히 달리는 모습은 볼 때마다 신기한 장관이다.

바다는 돌고래와 같은 생명들이 살아가는 터전이고 또 놀이터다. 만나기만 해도 기쁨과 행복을 주는 고래가 환경 오염으로 사라져 간다는 것은 참으로 안타까운 일이다. 죽은 대형 고래의 배를 가르자 도시 생활쓰레기가 한가득 쏟아져나오는 영상을, 거북이 코에 꽂힌 플라스틱 빨대를 제거해주는 영상을 본 적이 있다. 고통스러운 거북이는 눈물을 줄줄 흘렸다. 어디 이것뿐인가. 더 이상 이래선 안된다. 환경 오염은 인간들이 편하자고 만들어낸 비극이다. 이제는 하지 말아야 할 것, 불편해야 할 것이 많은 시대다. 미약하나마 최근 세계적인 플라스틱 빨대 사용 금지 운동은 바람직하다.

오랜만에 우리 식탁 친구들이 모두 모여 디스코장에 갔다. 신나게 몸을 흔들며 춤을 추었다. 젊은 시절 밤 늦도록 춤을 추던 기억이 되살아났다. 현란한 불빛이 우리들을 비추었다. 이 얼마 만인가. 감회에 젖어들고 있었는데, 춤 추는 사람들 중에서 휠체어를 탄 어느 부인을 보게 되었다. 휠체어를 빙빙 돌리면서 신나게 춤을 추는 부인은 신명이 가득했다. 누구도 의식하지 않고 환하게 웃으며 리듬에 맞추어 움직였다. 휠체어가 전혀 불편함이 없어 보였다. 그 부인을 훔쳐보느라 오히려 내가 자꾸 박자를 놓치고 춤이 어색해졌다. 행복은 스스로 만든다는 말이 맞다.

2019년 3월 11일, 월요일, 맑음

이른 아침 커튼 사이로 육지가 보이기 시작했다. 인도네시아 발리다. 열대기후로 해변 풍경이 아름다워 세계적으로 많은 관광객들이 찾는 곳이다. 많은 힌두교 사원과 계단식 논과 밭은 발리를 대표하는 풍경이다. 네덜란드 식민지였을 때 서양의 영향을 받아 르네상스 시대를 맞기도 했던 발리는, 특히 독일 사람들에게 아주 잘 알려진 섬이다. 크루즈 측에서 발리 사람들은 매우 친절하며 풍경은 그야말로 환상적이라고 소개한 영향인지 더욱 호기심이 일었다. 저 멀리 낮은 산들 위로 해가 솟기 시작하면서 동시에 하늘과 바다가 붉은색으로 물들었다.

우리 배는 발리 관광의 중심지인 덴파사르(Denpasar) 베노아(Benoa) 항구에 도착했다. 작은 배가 마중나와서 안내했다. 우리를 실어나를 텐더 내리는 작업이 시작되었다.

우리는 투어 준비를 서둘렀다. 햇빛이 강해 선글라스가 필요했다. 두근거리는 심장, 호기심 가득한 눈, 든든한 다리도 필요했다.

우리는 발리 풍경 보기(Scenic Bali) 투어를 선택했다. 산, 바다, 사람들 사는 모습, 음식, 건물 등 그야말로 자연 속의 발리를 보고 경험할 수

있는 코스다. 20명이 한 팀이 되어 작은 버스를 타고 이동했다. 안내인
다이애나(Diana)는 세심하고 친절했다. 덴파사르는 자동차도 많고
자전거와 오토바이도 많아 교통이 복잡하고 공기도 탁했다. 도심을
지나면서 한국 식당 '아리랑'을 보았다. 삶의 터전을 세계로 옮긴
자랑스런 한국 문화 전도사들을 마음속으로 응원했다.

첫 번째로 클룽쿵(Klungkung)을 방문했다. 중앙에 있는 작은 사원
케르타고사(Kertagosa)에서 아침 식사를 했다. 커피와 차 그리고
특별한 음식을 먹었다. 바나나 잎에 돌돌 만 음식은 한국 떡과 같았다.
전통 의상을 입은 예쁜 여성들이 친절하고 격식 있게 식사를 나눠주고
나서 나무 조각, 무늬 새기기 따위 발리 전통 문화를 소개했다.

식사 뒤, 이동한 곳에서 농부가 두 마리 소를 부려 논을 갈고 있는
모습을 보았다. 발리 하면 대개 계단식 논과 밭을 연상하는데 바로 그
풍경이었다. 너도나도 사진을 찍느라 야단법석이었다. 농부를 보니
나의 아버지가 생각났다. 땀 흘리며 척박한 논밭을 갈아야 했던
아버지는 농사일이 얼마나 힘든 줄 아느냐며 자식들에게는 물려주지
않으려 애썼다. 아버지와 같은 저 농부의 일상이 관광객들에게
볼거리가 되니 마음 한편이 무거워졌다.

힌두교가 국교인 이곳은 '신의 땅'이라 불릴 만큼 힌두교 사원이 많다.
우리는 산등성이에 있는 름뿌양(Lempuyang) 사원으로 이동했다.
아주 크고 또 웅장했다. 사원에 들어가려면 여성들은 분홍색 끈을
허리에 두르고, 남성들은 긴 천으로 다리를 감싸는 옷 '싸롱'을 허리에
걸쳐야 했다. 한국의 절과 같이 신을 상징하는 다양한 조각상이

여행자들을 환영하며 연주하는 악사들.
클룽쿵 작은 사원 케르타고사에서 먹은 아침 식사.

전통 의상을 입은 예쁜 여성들.
두 마리 소를 부려 논을 가는 농부.

있는데 색이 화려하지 않고 단순했다. 출입구마다 수호신 조각상이
좌우로 든든했고, 마당에는 천 년이나 되었다는 나무가 웅장했다.
우리가 점심 식사를 위해 들른 곳에서도 오밀조밀한 계단식 논과 밭이
한눈에 보였다. 그야말로 발리를 대표할 만한 황홀한 풍경이었다.
앞에는 3,142미터나 된다는 아궁산(Mt. Agung)이 떡 버티고 있고, 이
산의 계곡을 타고 내려온 등성이에 계단식 논과 밭이 펼쳐졌다.
길가에는 야자수가 줄지어 섰다. 이런 풍경을 보면서 점심을 먹게
되다니, 음식도 풍부하고 맛도 있고 모든 것이 최고였다. 신들의
식사가 이러했을까. 웃으며 손님들을 대하는 사람들의 친절은
특별해서 땀을 닦으라며 젖은 수건을 내주기도 했다.
그림엽서와 같은 풍경은 계속 이어졌다. 타남길리(Taman Gili) 사원과
텐가남(Tenganam)도 방문했다. 관광객들로 북적였다. 거리거리마다
결혼식을 위한 장식이 많아 물어보니 오늘이 결혼하면 길한 날이라고
했다. 좋은 날에 결혼해야 잘 산다고 생각하는 것은 어느 나라나
마찬가지인가 보다. 길이며 건물에 화려하게 장식한 것을 보니,
부부가 탄생하는 것을 축복하는 성대한 잔치가 머릿속에 그려졌다.
발리에서는 결혼식을 며칠씩 한다고 했다.
마지막으로 예술인 마을을 둘러보고 돌아왔다. 퇴근 시간이어서
돌아오는 길이 매우 복잡하고 위험했다. 우리 버스뿐만 아니라 모든
차량들이 어찌나 위험하게 운행하는지, 손에 땀이 흥건했다.
항구에서 크루즈로 돌아갈 텐더를 기다리는데, 근처를 지나는
놀이배에서 싸이 노래 〈강남 스타일〉이 흘러나왔다. 듣기만 해도 흥이

름뿌양 사원.

오밀조밀한 계단식 논과 밭이 한눈에 보이는 곳에서 점심 식사를 하며.

타남길리 사원과 텐가남.
예술인 마을.

나고 따라서 흥얼거리게 되는 노래다. 스페인(Spain)
알리칸테(Alicante)에서 시장을 둘러보다 플라스틱으로 만든 싸이
인형의 태엽을 돌리니 이 노래가 나와 깜짝 놀란 적이 있다. 세계를
놀라게 한 괴짜 가수 싸이는 한류를 일으키고 세계적으로 유명해졌다.
그의 우스꽝스러운 춤을 따라 추는 세계인들이 한국을 주목하고
있다니 생각만 해도 뿌듯해졌다.

1974년, 내가 독일에 처음 갔을 때 사람들은 '한국이 어디에 있느냐?',
'한국에 커피는 있으냐?' 하며 짓궂게 물었다. 그들은 한국이란 나라를
가난하고 못 사는 나라쯤으로 알고 있었다. 그러던 때가 엊그제
같은데, 한국은 1988년 올림픽을 치르고, 2002월드컵을 치른 스포츠
강국이 되었고, 정치, 경제, 사회 전반에 걸쳐 고르게 발전한 문화
강국이 되었다. 나는 어디서 왔느냐고 물으면 서슴없이 '한국'이라고
대답한다. 모국이 강하면 타국에 사는 이민자들 자긍심도 강해진다.
싸이는 힘이 세다.

저녁 무대에서는 여성 가수 3명으로 구성된 스핀테스(The
Spinettes)의 열정적인 공연이 있었다.

밤이 깊어가면서 우리 배는 베노아 항구와 멀어졌다. 하루지만 많은
것을 보고 경험한 발리와 이별했다. 밤하늘에는 다이아몬드를 뿌려
놓은 것같이 찬란하게 별들이 반짝였다.

싸이 노래를 들어서인지 이 크루즈가 한국을 방문하지 않고 지나는
것이 좀 아쉽다.

여행자들이 모델이 되어 진행된 패션쇼.
패션쇼 뒤에 북새통을 이룬 할인 판매.

2019년 3월 12일, 화요일, 흐림

오늘 아침에는 푹 자고 8시가 조금 넘어 일어났다. 남편은 수영하러
가면서 내게 갑판을 걸으라고 권했다. 조금이라도 아침 운동을 하면
몸이 개운해진다. 남편 말에 따라 갑판을 다섯 바퀴 돌았다.

오전 10시, 베트남(Vietnam) 냐짱(Nha Trang)에 대한 여행 정보를
들었다. 낯익은 사원과 거리 모습 그리고 오토바이 등 남편과 함께
갔던 옛 생각이 났다.

오후에는 패션쇼에 가보았다. 여행자들이 모델이 되어 패션쇼를
했는데 모두들 참 열심히 준비해 출연했다. 배 안에 있는 옷 상점들이
주최한 것인데, 쇼 뒤에는 물건들을 할인 판매해 북새통을 이뤘다.
아크로바틱 쇼도 있었다. 어떻게 자신의 육체를 저렇게 유연하게
움직일 수 있을까 새삼 놀란 공연이었다.

2019년 3월 13일, 수요일

아침에 홍콩(Hong Kong)에 대한 여행 정보를 들었다. 세계적인
대도시 홍콩. 몇 년 전에 가보았지만 기억이 가물가물했다.

오늘 점심은 특별히 독일 음식이 나온다고 해서 남편이 잔뜩 기대하고
있었다. 독일 소시지를 비롯해 돼지바베큐, 치즈 등 전형적인 독일
음식이 나왔다. 남편을 비롯해 식탁 친구들 모두 접시가 넘치도록
한가득 담았다. 내가 한국 음식, 특히 김치를 보면 기분이 좋아지듯이,
모두 다 독일 음식 앞에서 싱글벙글 좋아했다. 특히 남편은 더 자주
독일 음식이 나오면 좋겠다며 또 한 접시 가득 들고 왔다. 내가 처음

225

독일에 왔을 때 무엇보다 힘들고 어려웠던 것이 음식이었다. 지금도
한국 음식이 그립지만, 그때는 심각하게 그리웠다. 감칠맛 나는
발효음식이 대부분인 한국 음식과 달리 독일 음식은 기름지고 짜고
단순했다. 남편이 독일 음식이 나온다고 기뻐하는 이유를 난 잘 안다.
음식은 자신의 정체성이다.

오후에 영화 〈스타 탄생(The Star is Born)〉을 보았다. 밤 무대에서
노래 부르는 어느 무명 여자 가수의 재능을 우연히 발견한 유명 남자
가수가 어느 날 자신의 콘서트에 그녀를 초대해 노래를 부르게 한다.
그 순간부터 무명 여자 가수는 폭발적인 인기를 끌면서 일약 스타가
된다. 갈수록 여자 가수는 인기가 점점 커지는 반면, 남자 가수는
인기가 점점 떨어지고 좌절한다. 급기야 남자 가수는 마약중독자가
되어 자살한다. 주목받는 인생, 스타가 된다는 것 그 이면의 삶을
보여주는 영화다. 영원한 것은 없기에 자신에게 주어진 순간순간에
충실해야 한다.

오후 5시 20분, 적도를 통과했다. 벌써 두 번째다. 이를 축하하기 위해
넵튠 무도회(Neptun's Ball)가 열렸다.

저녁 만찬에 한국 음식 만두와 스프가 나왔다. 비록 정통 한국 맛은
아니지만 한국 음식이라 생각하니 기분이 좋았다. 우리 식탁에선
모두가 한국 음식을 청해 먹으면서 한국에 대해 이야기했다. 음식에도
유행이 있어서 한동안 중국 음식이 유행하더니 그 뒤로 일본 음식이
유행하고, 지금은 베트남 음식이 유행한다. 그 뒤를 이어 한국 음식이
유행하려는지 독일에서도 김치, 불고기 등으로 인기 있는 한국 식당이

늘어나고 있다. 반가운 일이다.

오늘은 크루즈 측이 추천한 행사로 주방을 둘러보았다. 크루즈 측에서는 한 달에 한 번씩 주방장과 그 일행 그리고 와인 전문가, 웨이터 등을 소개했다. 또 음식재료, 음료수, 알콜 등이 얼마나 소요되는지 알려주었다. 우리 배에는 3,000여 명이 타고 있어서 매일매일 이들을 위해 약 9만여 종 음식을 만든다고 했다. 얼마나 많은 재료가 소요되는지 또 이를 조리하기 위해 얼마나 많은 수고가 투입되는지 새삼 알게 되었다. 설명을 듣고 나서 주방을 한 바퀴 둘러보았다. 정갈하고 체계적인 주방에 다들 감동하고 환호했다. 감사와 응원의 박수가 식당 안을 울렸다. 음식을 만드는 손길이나 맛있게 먹는 마음이나 서로 감사하는 뿌듯한 순간이었다. 안 보이는 곳에서 한결같이 애쓰는 많은 관계자들에게 감사했다.

저녁 무대에서는 큐나드 전속 로얄 코트 씨어터 컴퍼니(The Royal Court Theater Company)가 화려한 쇼를 펼쳤다.

2019년 3월 14일, 목요일, 맑음

잠에서 깨니 햇빛이 눈부셨다. 오늘 아침은 1시간을 뒤로 조정해서 1시간씩 늦게 시작했다.

우리 배는 자바해(Jaba Sea)를 건너 베트남으로 항해하고 있다. 어제 오후에 적도를 지났지만 적도 통과 의식은 오늘 치러졌다. 이번이 두 번째로 의식은 줄다리기였다. 참가하는 선수들은 여러 분야 직원들로 구성되었는데 운동회를 하듯 옷을 맞춰 입었다. 수영장에 구경꾼들이

큐나드 전속 로얄 코트 씨어터 컴퍼니의 화려한 무대.
두 번째 적도 통과 의식.

모여들었다. 기온은 32도 정도로 덥지만 바닷바람이 불어 그런 대로
견딜만 했다. 로마신화 속 바다의 신 넵튠 분장을 한 주선자가 경기
선언과 선서를 하면서 의식이 시작되었다. 모두 8개 팀이 참가했다.
영차, 영차. 선수들은 승리를 위해 있는 힘을 다해 줄을 당겼다. 갈수록
응원이 열렬해졌다. 마지막으로 남은 두 팀이 승부를 가릴 때는
너도나도 소리치면서 응원했다. 승리팀이 결정되자 함성이 우렁차게
터져나왔다. 수평선이 기우뚱했다. 승부를 떠나 모두가 하나되는
축제였다. 이렇게 소란스럽고 흥겨운 의식을 바다의 신이 흐뭇하게
보았으리라. 우리 배를 안전하게 지켜주리라. 분장한 넵튠이 종료
선언을 하고 적도 통과 의식은 끝이 났지만 여운이 길었다.
저녁에는 피아노를 가장 빠르게 친다는 연주자와 세 명의 여자 가수가
출연해 무대를 빛냈다.

2019년 3월 15일, 금요일, 맑음

베트남 하면 베트남 전쟁을 떠올리지 않을 수 없다. 베트남 전쟁은
1960년부터 1975년까지 베트남 통일 과정에서 벌어진 전쟁이다. 이
전쟁은 베트남 남과 북의 전쟁이요, 또 공산주의와 자본주의의
전쟁으로 외국 군대가 개입하면서 국제전으로 확대되었다. 1975년
4월 30일, 호찌민(1890-1969)이 이끄는 북베트남이 통일을 이뤄
베트남사회공화국이 되었다. 민족주의자요 애국자인 지도자 호찌민의
이름을 따서 1976년에 중심 도시 사이공(Saigon)을 호찌민시티로
개칭했다. 아직도 베트남 사람들은 옛 이름인 사이공을 더 선호한다고

베트남의 교통수단 씨클로.

하지만, 호찌민은 베트남 역사에서 빼놓을 수 없는 지도자다.

베트남 전쟁에는 수많은 한국 군인들도 파병되었다. 그때를 생각하면 떠오르는 것이 파월 장병들에게 보낸 위문편지다. 어린시절 나도 학교에서 시키는 대로 이름도 얼굴도 모르는 군인 아저씨에게 위문편지를 썼다. 가끔 군인 아저씨들 답장도 받았는데, 그때 처음으로 엽서에 그려진 야자수를 보았다. 야자수가 어찌나 멋있고 신기했던지, 어른이 되면 꼭 한 번 실제 야자수를 보러 가리라 꿈꾸기도 했다. 나와 같은 추억을 가진 세대들에게는 베트남이 특별할 수밖에 없다.

동이 트는 아침 바다는 언제보아도 신비롭다. 뿌연 밤안개가 걷히기 시작하면서 작은 섬들이 하나 둘 보였다. 공과 같이 둥근 해가 솟아오르면서 온통 빨갛게 물들었다. 수없이 사진을 찍었다. 장관이었다.

우리 배는 호찌민시티 근교에 있는 푸미(Phu My) 항구에 도착했다. 베트남의 수도요 경제 중심지인 호찌민시티는 사이공강과 동나이강 하류를 잇는 도시다. 프랑스 식민지로 있을 때 건축 등 다양한 문화를 받아들여 유럽풍 건물들이 많다. 세계 메트로폴리스 도시로 각광받으며 경제적으로도 급속히 발전하고 있다. 높은 인구밀도만큼 관광객도 많은 도시다.

호찌민시티에는 전에 온 적이 있지만 추억을 더듬기 위해 시내 투어를 하기로 했다. 비용은 두 명당 왕복 80달러. 우리는 앙겔리카 부부, 산드라 부부와 함께했다. 시내까지는 투어 버스로 1시간 45분 걸렸다.

중앙에 내려 각자 돌아보기로 했다. 자동차, 오토바이, 자전거 따위로
복잡하고 시끄러운데다 너무 더웠지만 북적이는 시장을 돌아보았다.
시장이야말로 현지를 생생하게 체험할 수 있는 곳이다. 여기저기에
싱싱하고 먹음직스런 각종 해산물이 가득했지만 어수선한 통에
사진만 찍었다. 이곳 시장도 한국 시장과 크게 다르지 않게 물건 파는
여인들이 분주하고 소란스러웠다. 그들의 고달픈 삶의 현장을
관광객들은 재미로 보지만 나는 그렇지 못했다. 어머니가 생각나
한동안 눈을 감고 아득한 기억에 젖었다. 50년 전 한국은 가난한
나라였고, 어머니는 공주 시장통에서 채소를 팔았다. 그 어렵던 때에
나는 간호사가 되어 독일로 건너왔다. 항상 마음속에서 어머니가 힘이
되어 주었다. 아, 보고 싶은 어머니.

시장과 몇몇 건물을 돌아보니 벌써 지쳐서 쉬어야 했다. 시내 중앙에
있는 한국 식당 '최고집'을 찾아갔다. 순두부, 달걀찜, 만두국을
맛있게 먹으며 여유롭게 쉬었다. 푸짐한 반찬들도 맛있고 친절했다.
투어 버스로 돌아오니 모두가 보따리 한두 개씩 들고 있었다. 암,
여행에서 쇼핑이 빠지면 안되지. 어떻게 알고 오는지 관광객들만
보이면 순식간에 별별 장사들이 다 모였다. 장이 선 것처럼 복잡했다.
그 틈새에서 남편도 모자랑 티셔츠를 사서 내게 주었다.

크루즈 앞에 도착하니 마찬가지로 소란스런 장이 서 있었다. 가방,
스카프, 장신구, 옷 등 많은 물건들이 유혹했다. 달러나 유로로
환산하면 사실 너무나 싸기 때문에 이것저것 사는 재미에 빠지게
된다. 맥주 파는 작은 가게를 발견한 우리는 앙겔리카 부부와 시원한

현지를 생생하게 체험할 수 있는 시장.
맛있는 해산물이 유혹하는 노점.

관광객들만 보이면 순식간에 모여드는 별별 장사들.
크루즈 앞 맥주 파는 작은 가게.

맥주를 마시며 땀을 식혔다. 한국 주막 같아 정겨웠다. 남편은 맥주 한 박스를 사서 배에 올랐다.

푸미 항구가 멀어지면서 갑판에는 라이브 음악이 흘렀다. 아직 여운이 남은 사람들이 푸미 항구를 향해 손을 흔들었다. 사이공이여, 안녕. 저녁 무대에서는 남자 4명으로 구성된 그룹 잭팩(Jack Pack)이 멋진 공연을 펼쳤다.

2019년 3월 16일, 토요일, 맑음

아침 일찍 냐짱에 도착했다. 냐짱은 독일에도 잘 알려진 세계적인 휴양지로, 해변이 아름다워 많은 관광객들이 찾는 도시다. 우리 배는 항구에 정박할 수 없어서 인근 바다에 닻을 내렸다. 항구로 가려면 텐더를 이용해야 했다.

우리는 약 4시간 정도 소요되는 '카이강(River Cai)의 생활' 투어를 선택했다. 배도 타고 버스도 타면서 카이강을 돌아보는 소풍이다. 앙겔리카 부부와 약속을 했다가 잘못 이해하는 바람에 어긋났는데, 우리 잘못이라며 짜증내는 남편과 아침부터 다툼을 했다. 하늘은 맑은데 마음은 어지러웠다.

냐짱은 일찍부터 해변 휴양지로 개발되었다. 어부들이 살던 작은 마을이 세계적인 휴양지로 변했고, 관광객들을 수용하기 위해 고급 호텔, 섬과 섬을 잇는 케이블카, 디즈니월드 등 수많은 관광 요소들이 생겨났다. 그 바람에 아름다운 천혜의 자연은 깎이고 허물어졌다. 우리는 냐짱 중심에서 북쪽으로 약 2킬로미터 떨어진 곳에 있는

섬과 섬을 잇는 케이블카와 퀸 빅토리아.
관광 명소로 둔갑한 도심.

포나가르사원(Po Nagar Cham Tower)을 방문했다. 화강암 언덕 위에
9세기 참파왕국이 세운 것으로 오늘날까지 남아 있는 유적 가운데
가장 오래되었다. 사원 대부분은 774년과 784년 두 차례에 걸친
자바군 공격으로 소실되었고 귀중한 보물도 거의 사라졌다. 현재는
흙벽돌을 이어붙여 세운 탑 3개가 우뚝 솟아 있는데, 이 중 중심 탑은
높이가 약 25미터에 이른다. 탑 안에는 11세기 중반에 만든 열 개의
팔을 가진 포나가르 여신상과 제사를 올리던 제단이 설치되어 있다.
가운데 있는 탑 내부와 지붕에는 남성의 성기 모양을 한 인도
시바신의 상징물 링가가 설치되어 있다. 아들을 점지해 주는 효험이
있다 해 참배객들이 많이 찾는다고 했다.

사원에서 내려다보니 화려한 신도시와 낙후된 시골 풍경이
적나라하게 대비되고 있었다. 도시는 최고의 관광 명소로 둔갑했지만,
원주민들 삶은 달라진 게 없었다. 고기 잡는 어부로 자연에서
살아가는 그들의 생활터전이 하나 둘 허물어져 간다고 안내인은
설명했다.

우뚝 솟은 최고급 아파트와 호텔 옆에는 고깃배에서 낡은 그물을
꿰매고 있는 어부들 모습과 다 쓰러져 가는 나무 기둥에 의지한
집들이 보였다. 배를 타고 카이강을 돌아보면서도 개발의 이면이
고스란히 드러나는 풍경은 계속되었다. 부를 자랑하는 빌딩 옆에는
여전히 가난한 옛 모습으로 살아가는 사람들 마을이 있었다. 사연이야
어떻든 여행자들이 많이 와서 자신들 물건을 팔아야 생계가 되니
곳곳에서 장사꾼들은 물건을 사달라고 아우성쳤다. 그런 가난한 삶의

모습을 토픽처럼 사진에 담는 여행객들이 풍경에 끼어들었다.

마음이 무거웠다. 이 모습이 내 고향 모습이고 내 모습이었다. 언젠가 내가 태어난 곳, 백제의 수도, 아름다운 도시 '공주'가 개발된다고 했다. 역사를 품고 유유히 흐르던 금강은 모래를 다 퍼가는 바람에 물이 말랐다. 구린내가 날 정도였다. 기름진 밭과 논에는 농작물 대신 고층 빌딩들이 들어섰다. 내가 살던 동네는 온데간데 없어졌고, 타지인들이 들어와 살았다. 발전이란 명목으로 고향을 잃어버린 아픔을 누가 알까. 고향을 찾아갔다가 눈물이 나서 되돌아왔던 때가 생생하게 떠올랐다.

마음이 무거웠다. 원주민들은 카이강 저만치서 높아만 가는 도시를 바라보며 향수에 젖겠지. 그래도 삶은 계속되고 카이강은 변함없이 흐르겠지.

우리는 길가 식당에서 베트남을 대표하는 음식, 쌀국수를 먹었다. 무거웠던 마음이 금세 가벼워질 만큼 맛있었다.

쌀국수를 맛있게 먹은 것까지는 좋았는데 돌아오는 길에 시장에서 다툼이 생겼다. 남편이 실크 스카프를 사려고 흥정하고 4개 값을 냈는데 여자 장사꾼이 3개만 준 것이다. 한 개를 더 주든가 환불해 달라고 하자, 여자 장사꾼은 못 주겠다며 소리를 지르고 침을 뱉었다. 나는 화가 나서 반드시 스카프 한 개를 더 받아내리라 다짐을 하고 나섰다. 결국 스카프 한 개를 받아냈지만, 마음은 하염없이 씁쓸했다. 서울 대표 시장인 남대문, 동대문 시장을 돌아다니다 보면 꼭 한 번은 장사꾼과 손님 간의 싸움을 보게 된다. 손가락질을 하거나 소리를

포나가르사원 주변 풍경.
흙벽돌로 지어진 웅장한 포나가르사원.

항구 노점에서 파는 구운 오징어.

지르는 와자한 다툼은 구경꾼이 모여들 정도다. 오늘 나는 냐짱에서 그런 구경거리가 되고 말았다.

항구에 돌아오니 오징어 굽는 냄새가 코를 자극했다. 구운 오징어를 안주로 시원한 맥주를 마셨다. 무거운 마음도, 씁쓸한 마음도 진정되길 바랐다.

저녁 8시쯤, 우리 배는 냐짱 항구를 출발해 홍콩으로 향했다.

저녁 무대에서는 두 명의 여성으로 구성된 스트링 아이돌즈(String Idols)의 바이올린 연주가 있었다.

침대에 누우니 오늘 있었던 일들이 생생하게 떠올랐다. 좋은 경험은 아니지만 냐짱을 생각하면 오늘 일이 생각날 것이다. 그 여자 장사꾼도 아시아 관광객을 보면 나를 떠올리겠지 생각하니 오히려 웃음이 나왔다.

2019년 3월 17일, 일요일, 맑다가 약간 흐림

오늘은 1시간을 앞으로 조정해서 1시간씩 일찍 시작해야 했지만, 항해하는 날이라 마음 편하게 늦잠을 잤다. 게다가 오늘은 일요일이었다.

오전 10시에 토마스 코너리(Tomas Connery) 선장이 예배를 진행했다. 지금까지 모든 여행 계획이 차질없이 진행된 것에 감사했고, 남은 기간도 건강하게 좋은 여행이 되길 기도했다. 기도를 하고 나면 마음에 평화가 찾아온다.

예배가 끝난 뒤, 히뜩히뜩 보이는 흰머리를 염색했다. 세월의 빠른 속도를 실감했다. 매니큐어도 새로 칠했다. 처녀 때 나는 엉덩이까지 내려오는 긴머리로 한창 멋을 냈다. 그때 나는 금발머리가 부러웠는데, 독일 사람들은 한번 만져봐도 되냐며 나의 검은머리를 부러워했다. 까맣고 윤이 나는 긴머리는 독일 청년들의 관심을 사기에 충분했다. 눈꼬리가 위로 올라간 작은 눈, 낮은 코, 두껍지 않은 입술, 작달막한 키. 이런 이국적인 모습이 섹시하다고 했다. 거기에 길고 윤이 나는 검은머리는 그야말로 최고의 아름다움이었다. 독일에서는 이국적인 동양인이었던 나도 그때는 인기가 있었는데 어느덧 흰머리를 감추어야 하다니. 나에게 프로포즈했던 남편도 나의 검은머리를 보고 반했을까? 옛날이 생각나 눈을 감고 픽, 웃었다.

오늘은 아일랜드 최대 축제인 세인트 패트릭 데이(St. Patrick's Day)다. 아일랜드에 기독교를 전파한 패트릭 성인을 기념하며 축제가 열리는데 세계가 초록색으로 물드는 날이다. 초록색 토끼풀로 장식을 하고 아일랜드 전통 맥주인 기네스를 마신다. 토끼풀은 삼위일체를 상징하고, 초록색은 아일랜드 국기를 상징한다. 오늘을 위해 중앙무도회장도 초록색 국기가 장식되었다. 아일랜드 사람들은 초록색 의상을 입고 춤을 추었다. 온통 초록색 물결이었다.

극장에서는 코미디언 존 코테니(Jon Courtenay)의 만담으로 한참 웃음바다가 되었다. 오늘은 웃음도 초록색이었다.

온통 초록색이던 세인트 패트릭 데이가 까만 밤에 덮였다.

우리 배는 홍콩을 향해 항해했다.

2019년 3월 18일, 월요일, 안개가 끼었다가 맑음

홍콩은 한자로 '香港(향항)'인데, 향기가 가득한 항구라는 뜻이다.
옛날 향나무가 중계되던 부두라서 붙여진 이름이라고 하는데, 현재도
홍콩은 문화의 향기 가득한 도시다.

아편전쟁 이후 영국 식민지가 된 홍콩은 1984년 중국과 영국의
연합성명에 따라 1997년 7월 1일, 영국의 통치를 벗어나 중국
특별행정구로 지정되었다. 세계에서 일곱 번째로 큰 교역 규모를 갖춘
홍콩은 금융센터와 무역항이 밀집된 도시다. 홍콩달러는 세계에서
열세 번째로 거래되는 화폐다.

커튼을 여니 자욱한 안개 속에서 희미하게 불빛들이 보이기 시작했다.
육지다. 몇 년 전 보았던 건물들이 눈에 익었다. '동방의 진주', '관광
쇼핑의 천국' 홍콩이다. 우리 배는 상공업 중심지구 주룽(Kowloon)에
있는 빅토리아 항구 오션터미널에 보란듯이 정박했다. 빅토리아
항구는 세계 3대 천연항으로 또한 세계 3대 야경으로 꼽히니, 세계 3대
크루즈의 여왕인 퀸 빅토리아와 잘 어울린다.

침사추이, 스카이100, 화려한 건물들, 레저 쇼 등 볼거리가 많아
관광객들이 사시사철 드나드는 홍콩, 그 휘황찬란한 풍경을 가까이서
직접 볼 수 있었다.

이틀 동안 홍콩에 머물기에 투어 계획을 여유 있게 짰다. 오늘은 홍콩
사는 이경옥 씨가 데리러 오기로 해 맘 푹 놓고 약속시간을 기다렸다.
해마다 한국에서 열리는 세계한인언론인협회 모임에서 만난 이경옥
씨는 홍콩에서 기자로 활동하기도 했다.

우리 배 가까운 곳에 있는 페니슐라 호텔(Peninsula Hotel)에서 만나기로 했다. 세계 대전 당시 일본군들이 머물던 곳이어서 폭격을 면한, 역사 깊은 5성급 호텔이었다. 오랜만에 만난 우리는 이경옥 씨의 안내로 우선 배를 타고 비즈니스 중심지구 홍콩섬(Hong Kong Island)으로 이동해서 시티 투어 버스를 타고 둘러보았다. 신건물과 구건물이 빼곡히 들어서 있는데다 어떤 건물들은 빨래를 널어놓아 너저분해 보이기도 했다. 좁은 거리를 오가는 특이한 전동차와 버스들 그리고 수많은 사람들, 수많은 플래카드와 현란한 불빛들, 익숙한 아시아 풍경이었다.

우리가 점심을 먹으러 간 한국 식당 '금보라'는 홍콩섬 중앙부 땅값이 가장 비싸다는 자리에 있었다. 맛있는 냄새가 허기진 배를 자극했다. 달걀찜, 해물짬뽕, 순두부찌개, 사골탕 등을 김치와 먹으니 최고였다. 반가운 사람과 반가운 이야기를 하며 먹으니 힘이 났다.

나를 만나려고 파리 여행을 연기한 이경옥 씨는 오늘 저녁 늦게 파리로 떠난다고 했다.

세계에서 열 번째, 아시아에서 일곱 번째로 높은 국제상업센터 100층에 있는 전망대 '스카이100'은 홍콩 스카이라인과 빅토리아 항구를 360도로 조망할 수 있는 곳으로, 많은 사람들에게 야경 감상 명소로 알려져 있다.

우리는 스카이100 야경 투어를 두 부부와 함께 예약했다. 1인당 120달러나 하는 비싼 코스지만 유명한 북경오리 요리까지 포함된다 해 기대가 컸다. 야경 투어는 기대와 달랐다. 북경오리 요리도

빅토리아 항구 오션터미널에 정박한 퀸 빅토리아.
휘황찬란한 홍콩 도심.

홍콩의 빌딩들.
도심을 지나는 대중교통.

홍콩에서 만난 반가운 이경옥 씨와 함께.

스카이 100 입간판 옆에서.
스카이 100에서 본 해상 풍경.

홍콩 야경을 보며.

레이저쇼도 모든 것이 실망스러운 저녁을 보냈다. 야경 투어를 좀 더
실속있게 개선할 것을 조심스럽게 건의했더니 비용의 40%를
돌려주었다. 여러모로 우리에겐 손해였다. '기대가 크면 실망도
크다'라는 말은 틀리지 않았다.
발코니에 앉으니 휘황찬란한 홍콩 야경이 보였다. 아무 일도 없었다는
듯 유유한 밤 풍경은 평화로웠다. 시원한 맥주가 안성맞춤이었다.

2019년 3월 19일, 화요일, 맑음
화려한 밤 풍경보다야 덜하지만 홍콩의 낮 풍경도 화사하고 근사하다.
남편이 못 가본 마카오(Macau)에 가볼까 했는데 그만두었다.
'아시아의 카지노', '동양의 라스베가스', '아시아의 작은 유럽' 등
수식어만 해도 화려한 마카오. 카지노는 불야성을 이루고, 네온사인
뒤에 숨겨진 세계문화유산은 30곳에 이르는 마카오. 기상천외한 쇼와
동서양 이색 축제들이 한 곳에서 어우러지는 마카오. 말만 들어도
흥미로운 그곳을 돌아보는 빡빡한 일정의 투어에 참여하기에는
아무래도 우리에게 시간이 너무 빠듯했다. 대신 배를 타고 여유 있게
홍콩을 더 돌아보았다. 주룽 공원에서 산책도 하고 충분히 쉬다가
돌아왔다. 여유 있게 바라보니 홍콩의 다른 모습이 보였다. 사람 사는
데는 어디나 비슷한 구석이 많다.
배로 돌아와 잠시 잠을 자고 나니 피곤이 풀렸다.
저녁 8시에 시작되는 레이저 쇼를 우리 방 발코니에 앉아 보았다.
베트남에서 산 오징어를 안주 삼아 시원한 맥주도 들이켰다.

밤 10시 반쯤 우리 배는 홍콩을 출발했다. 홍콩이여, 안녕. 멀어져 가는 홍콩의 휘황찬란한 불빛이 점점 희미해졌다. 섬과 섬들이 어둠에 덮여 돌고래 등처럼 보였다. 금세 컴컴한 바다만 보였다.

2019년 3월 20일, 수요일, 맑음

아시아 대륙에 발을 디딘 지 벌써 1주일이 지났다. 지도를 펼쳐놓고 보니 정말 많이도 왔다. 홍콩에서 위쪽으로 멀지 않은 곳에 한국이 있다. 지도상으로는 가까운 이웃 동네다. 자세히 보니, 이미 지나온 길도 멀고 지나온 나라도 많았지만, 아직 갈 길도 멀고 갈 나라도 많이 남아 있다.

오늘 아침에는 싱가포르(Singapore)에 대한 여행 정보를 들었다. 내가 챙겨온 여행 정보도 자세히 읽었다.

나에게는 꼬박꼬박 하루 일과를 기록하는 일이 가장 중요한 하루 일과였다. 남편도 일기를 쓰고 있는데 요 며칠 못 썼다고 했다. 밀린 숙제를 하듯, 밀린 일기를 쓰는 모습이 개학을 앞둔 개구쟁이 같았다.

오후에 산드라(Sandra)가 내 머리를 잘라 주었다. 긴 여행에서 좋은 사람을 만난다는 것은 큰 복이다. 게다가 머리까지 잘라주는 사람을 만나는 것은 더 큰 복이다. 여행이 끝나고 나서도 계속 만나자고 우정을 다졌다.

아들 기도가 턱에 난 종기로 몸이 좋지 않다는 소식을 전해왔다. 친구 조의 건강이 좋지 않다는 소식도 왔다. 부디 기도와 조가 빨리 회복하기를 간절히 기도했다.

'아시아의 밤' 파티 중 아시아 의상 콘테스트.

저녁에는 '아시아의 밤(A Night in the Orient Ball)' 파티가 있었다. 어디서 구했는지 많은 사람들이 아시아 옷을 입고 나와 춤을 추었다. 아시아 의상 콘테스트도 있었다. 나는 저녁 파티에 맞게 한복을 입을까 고민하다가 그만두고 원피스를 입었다. 어느 일본 부인이 기모노를 입고 나와 눈길을 끌었다.

저녁 공연에서는 남자 4명으로 구성된 그룹 비틀즈(The Beatles)가 비틀즈의 히트곡을 불러 추억에 잠기게 했다.

2019년 3월 21일, 목요일, 맑음

오늘은 베트남의 마지막 방문지인 찬메이(Chan May) 항구에 도착했다. 짙은 안개 속에 작은 섬과 산이 보이기 시작하면서 항구가 얼굴을 내밀었다. 예정 시간보다 약 1시간 정도 늦게 정박했다. 크루즈 측 투어 코스로 다낭(Da Nang), 후에(Hue), 호이안(Hoi An) 등을 방문하는 상품이 있었다.

다낭은 '큰 강의 입구'라는 뜻과 어울리게 베트남 중부 지역에 있는 항구 도시이자 상업 도시로 네 번째로 큰 도시다. 베트남전쟁 때 남베트남군과 미군 공군기지로 중요한 역할을 했다. 유네스코 세계문화유산으로 지정된 유적지와 세계 6대 해변으로 꼽히는 해수욕장도 있다.

후에는 1802-1945년까지 응우엔 왕조의 수도로, 사원 및 기념물이 많은 역사적인 도시다. 베트남 전쟁 때 매우 중요한 요새 역할을 하기도 했던 후에 성은 유네스코 세계문화유산이다.

호이안은 남중국해 연안에 있는 작은 도시로 '평화로운 회합소'라는 뜻에 어울리게 동서양 문화가 어우러진 아름다운 무역 도시다. 구시가지가 1999년에 유네스코 세계문화유산에 지정되었다.

어느 도시라도 베트남을 찾는 여행자라면 꼭 가봐야 할 곳들인데, 우리는 예전에 가봤기 때문에 투어 대신 셔틀버스를 타고 30분 정도 거리에 있는 해변에 가서 더위를 피해 한가로운 시간을 보내기로 했다. 택시 운전기사들이 다낭, 후에를 80달러에 투어해 주겠다는 제안도 뿌리쳤다. 해변에 도착해 보니 호텔 수영장과 바닷가가 제법 좋았다. 호텔 수영장 사용료가 불과 3달러였다. 우리는 호텔 수영장과 바다를 오가며 즐겼다.

점심 때, 택시 운전기사가 추천해 준 식당에 갔는데 양어장과 어울린 주변 풍경이 어찌나 아름다운지 한 폭의 그림같았다. 맛이 일품인 싱싱한 굴(Auster)과 바닷가재(Lobster)를 먹었다.

크루즈가 들어오면 항구에는 현지 장사꾼들이 모여들어 시장이 생겨났다. 너도나도 물건을 팔고 사느라 복잡했다. 나는 선물용 스카프를 12개나 샀고, 남편은 맥주를 한 박스 샀다.

우리 배는 찬메이 항구와 이별하고, 싱가포르로 향했다.

저녁 식사 자리는 각자 투어 다녀온 이야기하느라 소란스러웠다. 오늘은 우리가 먹은 바닷가재 이야기가 가장 주목받았다. 남편은 맥주 파티에 초대하겠다며 신이 나서 자랑했다.

저녁 무대에서는 에이든 순(Aiden Soon)의 하모니카 연주가 있었다. 오랜만에 들어보는 하모니카 소리에 죽은 오빠가 생각났다. 오빠는

한적한 해변 풍경.
사용료가 불과 3달러인 호텔 수영장.

택시 운전사가 추천해 준 식당.
맛이 일품인 바닷가재.

하모니카를 곧잘 불었다. 저녁 때면 우리집 뒷동산에 올라 멋지게
불던 오빠의 하모니카 소리가 들리는 듯했다.

2019년 3월 22일, 금요일, 맑음

늦잠을 잤다. 항해하는 날은 늑장을 부려도 되기 때문에 여유롭다.
오늘부터 싱가포르까지 2일간 항해한다.
오전에 말레이시아(Malaysia) 포트켈랑(Port Kelang)에 대한 여행
정보를 들었다.
김호연 장편소설 『망원동 브라더스』의 마지막 책장을 넘겼다. 20대
만년 고시생, 30대 백수, 40대 기러기 아빠, 50대 황혼 이혼남, 네
남자가 코딱지만 한 망원동 옥탑방에서 뒤죽박죽 뒤엉켜 살면서
펼쳐지는 기묘한 이야기다. 읽다 보면 어느새 혼자가 아니라는 따뜻한
위안이 찾아오고 희망을 맞이할 수 있는 용기도 슬그머니 생긴다.
다음은 『법정스님의 뒷모습』을 읽을 예정이다. 법정스님 저서 담당
편집자였던 정찬주 작가가 쓴 책이다. 정윤경 작가의 그림과 유동영
작가의 사진이 법정스님의 주옥같은 일화들을 더 빛내는 책이다.
매일 보면서도 매일 궁금해하는 질문이 있다. 왜 태양이 질 때면
저렇게 빨갛게 물들까? 바다도 빨갛고 하늘도 빨갛다. 오늘 하루도
뜨겁게 달구었다고 태양은 빨갛게 빨갛게 물들이며 수평선 저 너머로
사라지는가. 저녁 노을은 매일매일 달라서 볼 때마다 새롭다.
저녁에는 또다시 검은색과 흰색 무도회(Black and White Ball)가
있었다. 전문 무용수 춤 공연을 시작으로 무도회장에선 많은 사람들이

검은색과 흰색 옷을 입고 춤을 추었다.

저녁 무대는 영국인 코미디언 존 마틴(John Martin)의 입담으로 웃음
바다가 되었다.

2019년 3월 23일, 토요일, 맑음

아침에 남편은 수영을 하고, 나는 갑판을 걸었다. 아침마다 늦잠 자고
싶은 유혹과 싸우게 되는데, 어떤 때는 '에라 모르겠다' 하고 도로
눕는 때도 있지만 대체로 일찍 일어나려고 애쓴다.

오전에 스리랑카(Sri Lanka) 콜롬보(Colombo)에 대한 여행 정보를
들었다. 인도양의 진주라 불리는 스리랑카는 홍차로 유명하다.

오후에 코모도르 클럽에 앉아서 『법정스님의 뒷모습』을 읽었다.
법륜스님의 『기도와 행복』을 읽고 어렵고 힘들 때 마음의 안정과
위로를 받은 경험이 있어서 법정스님 삶을 기록한 이 책이 많이
궁금하고 기대되었다. 몇 년 전에 독일 함부르크에 온 법륜스님
강연에 참석한 적이 있었다. 그때 본 법륜스님 책 『행복』의 앞장에는
'행복도 내가 만드는 것이네. 불행도 내가 만드는 것이네. 진실로 그
행복과 불행, 다른 사람이 만드는 것 아니네'라고 쓰여 있었다.
그렇다. 우리는 얼마나 남 탓하며 사는가. 많은 생각을 하게 하는
가르침이었다. 책은 우리에게 재미만 주는 것이 아니라 삶의 지혜도
가르침도 준다. 부디 '형제의 눈 속에 든 티를 보는' 내가 아니라 내 눈
속에 '들보'를 먼저 볼 수 있게 되기를 바랐다.

갑자기 밖이 소란스러워 나가보니 우리 배와 나란하게 날으는

물고기들이 바다 위를 펄쩍펄쩍 날았다. 솟아오르는 것만이 아니라 날개같이 긴 지느러미로 비행하는 물고기가 신기해서 연신 사진을 찍었다. 많은 사람들이 나와 구경했다.

저녁에는 로얄 코트 시어터 오케스트라(Royal Court Theatre Orchestra)의 싱어스 콘서트(Singers Concert) 공연이 있었다.

2019년 3월 24일, 일요일, 맑음

싱가포르는 동남아시아 말레이반도 끝에 위치한 나라로 섬나라이자 도시국가다. 그 면적이 우리나라 부산광역시보다 약간 작다. 산스크리트어로 '사자의 도시'라는 뜻인 '싱가푸라(Singapura)'로 명명한 것이 지금의 싱가포르가 되었다. 1963년 말레이시아 연방 일원이었다가 영국으로부터 독립했고, 1965년에 말레이시아 연방까지 탈퇴하면서 독립 국가가 되었다.

한국, 홍콩, 대만과 더불어 아시아의 호랑이라고 불릴 만큼 경제가 급성장했다. 54개 언어가 있고 다양한 인종이 살고 있는 나라지만 평화롭고 안전하고 잘 사는 섬나라다.

아침 8시, 싱가포르에 닿을 무렵 큰 배가 꼭대기에 얹혀진 마리나베이 샌즈 호텔(Marina Bay Sands Hotel)이 보였다. 해가 비치니 도시를 가득 메운 화려한 건축물들이 더욱 더 신비하게 눈길을 끌었다. 중앙 항구에 정박한 우리 배도 멋진 싱가포르 풍경의 하나가 되었다.

남편과 나는 시티 투어 버스를 타고 시내를 돌아보았다. 전체적으로 잘 정돈되고 깨끗한 인상이었다. 차이나타운(China town),

싱가포르 전경.
특이한 모형들로 장식한 흥미진진한 거리.

규모가 크고 웅장한 가든스 바이 더 베이.
가든스 바이 더 베이의 신비한 정원과 폭포.

리틀인디아타운(Little India town), 아랍거리 등 각 나라의 특이한 모형들로 장식한 거리는 흥미진진했다.

세계적으로 유명한 가든스 바이 더 베이(Gardens by the Bay)에 들렀는데 여기도 역시 관광객들이 넘쳐나 걷기도 힘들었다. 두 개의 높은 지붕으로 된 정원 플라워 돔은 규모가 크고 웅장했다. 하늘 높이 치솟은 높은 기둥 정원에는 사시사철 아름다운 꽃이 핀다고 했다. 이런 신비한 정원을 만들고, 꽃을 피우고, 폭포까지 만드는 기술에 놀라지 않을 수 없었다. 세계적으로 관광객을 끌 만했다.

세계적으로 유명한 마리나베이도 구경했다. 전망 좋은 호텔과 고급 레스토랑, 명품 브랜드 쇼핑몰이 즐비하고 싱가포르의 상징 머라이언 상도 있지만, 랜드마크인 마리나베이 샌즈 호텔은 보기만 해도 가슴이 설레였다. 57층 스카이파크에 올라가는 값이 23달러나 했는데 TV에서 본 것만큼 멋지지 않아 조금 실망했다. 한쪽은 술과 음료수를 마실 수 있는 바가 있고, 다른 한쪽은 호텔 수영장이었다. 가장 높은 테라스는 정원과 수영장으로 그 규모가 협소하지만 전경만큼은 일류였다. 호텔 숙박비도 만만치 않을 것 같았다. 맥주 한 컵이 23싱가포르 달러로 약 16유로 정도였으니 호텔 숙박비야 알아 무엇하랴.

밤이 되니 덥고 뜨거웠던 기온이 떨어져 시원했다. 싱가포르의 불빛들이 멀어져 가고 라이브 음악도 꺼지자, 밤하늘에 별이 하나 둘 보이기 시작했다.

저녁 무대에서는 마술사 데이비드 코퍼필드(David Copperfield)의 멋진 공연이 있었다.

싱가포르 랜드마크인 마리나베이 샌즈 호텔.
57층 스카이파크에 있는 호텔 수영장.

57층 스카이파크에서 내려다본 풍경.
23싱가포르 달러, 약 16유로 정도인 맥주.

2019년 3월 25일, 월요일, 맑음

짙은 안개 속에서 작은 어선들이 하나 둘 보이기 시작했다. 색색으로
칠을 한 작은 어선들이 아침 햇살을 받아 꼭 장난감처럼 귀엽고
예뻤다. 해가 솟기 전에 생선을 잡으러 나선 작은 어선들이 분주하게
우리 곁을 지나갔다. 아침 9시, 포트켈랑에 도착했다. 말레이시아 수도
쿠알라룸푸르(Kuala Lumpur)에서 약 41킬로미터 떨어진 서쪽 해안에
있는 항구요, 말라카 해협으로 더 유명세를 타는 항구다.

오늘은 남편과 따로따로 투어하기로 했다. 남편은 서틀버스를 타기로
했고, 나는 바투 동굴(Batu Cave)에 가기로 했다.

바투 동굴에 도착하니 산꼭대기에 사원이 있었고, 그 앞에는 거대한
금색 힌두교 신상이 우뚝 서 있었다. 색색으로 된 계단과 금신상이
햇빛을 받아 신비하게 눈부셨다. 이 힌두교 성지 종유동굴은 경사가
높은 272 계단을 올라가야 했다. 동굴 꼭대기에는 천장 중앙이 뻥 뚫려
하늘이 다 보였다. 힌두교 신상을 모신 곳에는 기도하는 사람들과
관광객들로 붐볐다. 꼭대기에서 바라보는 전경이 근사했다. 내려오는
계단에는 사람들도 많았지만 원숭이들도 많았다. 원숭이들이 신상
머리 위로, 손 위로, 배 위로, 넘나들며 와자지껄했다.

버스 안내인이 정해준 시간에 맞춰 내려오니 반갑게도 남편이 와
있었다. 막상 가보니 쇼핑센터만 구경하는 투어여서 생각을
바꾸었다고 했다. 택시를 타고 찾아온 남편과 함께 쿠알라룸푸르로
이동했다. 케이엘 타워(KL Tower), 페트로나스 트윈타워, 국립
모스크, 센트럴 마켓 등을 지나니 옛 기억이 떠올랐다. 몇 년 전 나는

바투 동굴 입구.
거대한 금색 힌두교 신상과 경사가 높은 272 계단.

힌두교 성지 종유동굴.
꼭대기에서 내려다본 전경.

유네스코에 등재된 생태공원 랑카위(Langkawi)로 가다가
쿠알라룸푸르에서 이틀을 머문 적이 있었다. 그때는 날씨가 너무
뜨거워서 그랬는지 하수구 냄새로 고생했는데, 오늘은 괜찮았다.
이곳저곳 다니다가 우리와 함께 식탁을 쓰는 두 부부를 만났다.
얼싸안고 인사를 나눈 뒤, 저녁에 다시 만나기로 하고 헤어졌다.
크루즈로 돌아가는 길에 무료로 인터넷을 사용할 수 있는 항구
대합실에서 여기저기로 소식을 보내고 받았다.
조의 상태가 좋지 않다는 소식에 가슴 아팠다. 사람의 생명이 어쩌면
이렇게도 쉽게 무너질까? 살아 있다는 것이 무엇이며, 또
언제까지일까? 답답하고 어지러웠다.
저녁 무대에서는 2명으로 구성된 오페라보이(Opera Boys)가 노래로
피곤을 풀어 주었다.
침대에 누워 아득한 하루를 더듬어보면서 건강을 주신 것에 감사했다.
남편은 벌써 잠이 들었다. 나도 꿈나라로 날아가야지.

2019년 3월 26일, 화요일, 맑음

어젯밤에 비가 왔는지 갑판이 젖어 있어서 미끄러질까 위험했지만
조심조심 세 바퀴를 돌았다. 어제 찍은 사진을 정리하고 일기장을
정리했다. 발코니에 앉아 바다를 바라보면서 책을 읽었다. 오늘 따라
유난히 바다가 잔잔했다. 비단 같은 바다다.
30분 정도 낮잠을 잤더니 몸도 마음도 상쾌했다.
중앙홀에서 여자 피아니스트 리사 하먼(Lisa Harman)의 마티네

콘서트(Matinee' Concert)가 있었다.

늦은 오후에 9층 갑판에 나가니 사람도 없고 더위가 조금 가서 책 읽기 안성맞춤이었다. 긴 의자에 누워 하늘과 바다를 바라보면서 책을 읽었다.

하늘이 붉어지면서 수평선 너머로 해가 지는 풍경이 너무 아름다워서 눈물이 나올 것 같았다. 저절로 감사 기도가 나오면서 가슴이 뜨거워졌다. 나와 남편의 건강, 아이들과 친구의 건강 그리고 평안을 빌었다.

저녁에는 비틀즈 시대(Roaring 20's Ball) 파티가 있었다. 머리 장식, 미니스커트 따위를 울긋불긋하게 차려입은 사람들이 즐겁게 춤을 추었다. 새로 온 커플이 멋진 춤을 선보인 뒤, 파티가 무르익었다. 나이도 아랑곳 않고 신나게 즐기는 모습은 언제 보아도 활력이 넘친다. 젊음에도 늙음에도 각각 다른 아름다움이 있다. 감사하면서 곱고 아름답게 늙어가야지.

우리가 좋아하는 큐나드 전속 팀, 로얄 코트 시어터 컴퍼니의 노래와 춤도 화려했다.

나라별 여행자 수는 미국 205명, 아르헨티나 1명, 오스트레일리아 9명, 벨기에 8명, 브라질 5명, 영국 701명, 맨섬 1명, 불가리아 1명, 캐나다 87명, 칠레 2명, 중국 22명, 덴마크 5명, 네덜란드 14명, 필리핀 23명, 핀란드 9명, 프랑스 18명, 독일 182명, 그리스 2명, 홍콩 39명, 인도 3명, 이란 15명, 이탈리아 3명, 일본 89명, 카자흐스탄 11명, 라트비아

비틀즈 시대 파티.

2명, 룩셈부르크 1명, 말레이시아 2명, 몰타 1명, 뉴질랜드 30명, 노르웨이 18명, 포르투갈 2명, 러시아 6명, 싱가포르 25명, 남아프리카 11명, 스페인 13명, 스리랑카 1명, 스웨덴 11명, 스위스 33명, 시리아 1명, 타이완 2명, 미상 2명, 이상 합계 1,854명이다. 2019년 3월 26일 자료로, 수시로 사람들이 타고 내리니 여행자 수는 변화가 있다.

2019년 3월 27일, 수요일, 안개가 많음

오늘은 세이셸(Seychelles)의 수도 빅토리아(Victoria)에 대한 여행 정보를 들었다. 벌써 아시아를 지나 아프리카 쪽으로 가고 있다. 딸이 만들어준 달력을 보니 3월도 막바지다. 빠른 세월을 새삼 느낀다. 오전 11시에 로비에서 과일과 야채로 식탁을 장식하는 조각 시연이 있었다. 가지가지 과일과 야채를 뾰족한 칼로 자르고 다듬어 여러 모양을 만드는데 그 솜씨가 놀라웠다. 새 모양, 꽃 모양, 짐승 모양 등 별별 모양을 만들어 보여주면서 직접 해볼 수 있게 했다.

오후의 티타임에는 스위스에 사는 베티나(Bettina)와 함부르크에 사는 안드레아(Andrea), 울라(Ula)와 함께 차를 마셨다. 안드레아는 63세로 작년에 은퇴했다. 남편과 함께 크루즈 세계 일주 여행을 예약했는데, 불행하게도 남편이 암으로 죽어 함께하지 못했다고 했다. 여행을 포기하려고 했지만, 슬픔을 달래고 새 출발을 하기 위해서 마음을 바꾸었다고 했다. 오늘 우연히 만난 베티나는 올 6월부터 함부르크에서 근무할 예정이라서 함부르크로 이사 올 계획이라고 했다. 울라는 남편과 시누이와 함께 내 낭독회에 참석해 알게 되었다.

남편 고향인 독일 남쪽에 살지만 자주 함부르크에 온다고 했다.
이러저러하게 인연이 된 친구들과 수요일마다 오후에 차를 마시며
이런저런 이야기들을 나누는데 이 시간이 얼마나 소중한지 모른다.
오후 7시쯤이면 리도 갑판에서 에밀 니콜로브(Emil Nikolov)가 기타를
친다. 석양을 보러 올라가면서 자주 마주친다. 은은하게 바다로 또
하늘로 퍼지는 기타 선율을 따라 아름다운 석양이 수평선을 넘는다.
저녁 무대에서는 발렌티나(Valentina)와 세르게이(Sergey) 곡예사
부부가 기묘한 쇼를 펼쳤다. 놀랄 만큼 몸을 유연하게 움직이는
부부는 많은 앙코르 박수를 받았다.
친구 조의 건강이 많이 좋아져서 일반 병동으로 돌아왔다는 소식을
받았다. 다시 한 번 조에게 치유의 기회를 주시고 크리스틴과 행복한
시간을 가질 수 있게 해달라고 기도했다.

2019년 3월 28일, 목요일, 맑음

아픈 친구 조가 생각났다. 건강하게 새날이 시작되는 것에 감사하며
아침을 맞이했다. 벌써 3일째 항해다. 내일 아침에는 스리랑카
콜롬보에 도착한다. 스리랑카를 마지막으로 아시아 대륙과 이별하고
아프리카 대륙을 향해 항해를 하게 된다.
오늘도 우리는 과일로 식사를 대신했다. 체중은 줄어들 기미가 없다.
오히려 늘지만 않으면 다행이다.
일기장을 정리했다. 그날그날 일들만 쓰는 것이 아니라 나의 감정,
생각, 바람 들까지도 쓰게 되니 나를 돌아볼 일이 많아진다.

일기 하면 『안네의 일기』가 제일 먼저 생각난다. 2차 세계 대전 중
나치 독일이 유대인 대학살을 자행할 때, 독일 출신 유대인 소녀 안네
프랑크(1929-1945)가 가족들과 함께 은신처에서 숨어 지내면서 쓴
일기다. 전 세계에 출판되었고, 수많은 영화, 연극으로 제작되었다.
게다가 유네스코 세계기록유산에까지 등재되었다. 기록의 힘이다.
당장은 시시콜콜해도 개인의 소소한 기록, 일기는 그 가치가 크다.
오후에는 영화 〈인디애나 존스(Indiana Jones and the Temple of
Doom)〉를 보았다.
오늘 석양은 그야말로 장관이었다. 붉은색에서 분홍색으로 그리고
오렌지색으로, 여러 색 수채물감이 섞이듯 변했다. 어떻게 저런 색을
만들어낼 수 있을까? 정신없이 셔터를 눌렀다.
저녁 무대에서는 오페라보이(Opera Boys)가 열창했다.

2019년 3월 29일, 금요일, 맑음

스리랑카 행정 수도요 인도양을 횡단하는 선박의 기항지인 콜롬보에
도착했다. '빛나는 섬', '인도양의 진주', '인도가 흘린 눈물 방울'이라
불리는 스리랑카는 남부 아시아 인도 남쪽 인도양에 있는 섬나라다.
1948년 영국연방 자치령으로 독립했고, 1972년 국명을
실론(Ceylon)에서 스리랑카공화국으로 바꾸고 영국연방에서 완전
독립했다. 인도 문화의 영향을 받은 문화의 보고이자 세계적 홍차
산지이며 세계적 보석 산출국이다.
며칠 전부터 클라우스(Klaus)가 아팠다. 그가 자신이 가지 못하는 투어

티켓을 우리에게 선물로 주어서 캔디 하이라이트(Highlight of Kandy) 투어를 가기로 했다. 12시간이나 소요되는 긴 투어다.

아침 5시 반에 일어나 여행 준비를 단단히 했다. 버스를 타고 불치사(佛齒寺, Tempel of the Sacred Tooth Relic)로 이동했다. 다른 아시아 나라들과 마찬가지로 도로가 좁은 데다 자전거, 오토바이, 툭툭, 리어커 들이 질서없이 다니는 통에 복잡하고 위험했다. 앞차를 추월도 하고 건너편 찻길을 넘기도 하면서 반대편 차와 부딪칠 것 같은 순간을 재빨리 모면하는 버스 기사의 놀라운 운전 솜씨에 계속 긴장해야 했다. 맨 앞자리에 앉은 우리는 바깥 풍경을 감상할 엄두도 낼 수 없었다. 시내를 벗어나자 고불고불 높은 산길을 돌고 돌았다. 그제서야 야자수가 많고 푸르러서 이색적이고 평온한 풍경이 보였다. 해발고도 488미터에 있는 고대도시 캔디(Kandy)는 15세기에 건설되었으며, 18세기까지 신할리왕조의 수도였다. 유네스코 세계문화유산에 등재된 스리랑카 대표 관광지로, 유럽의 영향을 받지 않은 채 전통적인 면모를 간직하고 있다.

맨 먼저 보타니서 가든을 돌아보았다. 잘 정돈된 정원을 여유롭게 거닐며 여왕이라도 된 듯한 기분이었다.

다음으로 부처의 치아가 보관된 성스런 사원 불치사에 갔다. 입구에서 보안 검색을 받아야 했고, 남자 여자 입구가 구분되어 있어 따로따로 들어가야 했다. 신발을 벗어야 했고, 무릎까지 내려오는 수건을 걸쳐야 했다. 한낮 햇볕에 뜨겁게 달구어진 돌길을 맨발로 지나 내부로 들어가니 벽면과 천장의 특이한 조각들이 시선을 사로잡았다.

보타니서 가든.

불치사 입구.
화려하지 않고 은은해 편안하고 안정된 분위기의 불치사 실내.

화려하지 않고 은은해 편안하고 안정된 분위기였는데 부처의 치아는
보지 못했다. 8월에 열리는 페라헤라 축제 때는 코끼리 등에 실린
부처의 치아를 일반인에게도 공개한다고 한다.

돌아오는 길에 차 공장에 들러 차 만드는 과정을 둘러보았다. 차 하면
스리랑카 실론티(Cylon Tea)를 빼놓을 수 없다. 또한 아름다운 여인
하면 스리랑카 여인을 빼놓을 수 없다. 선물용 차도 구매하고,
아름다운 여인들과 사진도 찍었다.

투어를 마치고 돌아오는 길이 공교롭게도 퇴근 시간과 겹쳐 더
복잡했다. 저녁 8시까지 크루즈로 도착해야 했기 때문에 버스 기사는
더 속력을 내고 곡예운전을 했다. 컴컴한 길을 아슬아슬 위험하게
운행하는 동안 버스 안은 긴장된 침묵만 흘렀다. 맨 앞자리에 앉은
우리는 금방이라도 사고가 날 것 같아 조마조마했다.

다행히 8시 전에 도착할 수 있었다. 서둘러 배에 오르고 나니 안도의
한숨이 나왔다. 경황이 없어 버스 기사에게 팁도 주지 못했고,
수고했다는 말도 못했다. 미안하기 짝이 없었다.

저녁 무대에서는 마술사 재미 알란(Jamie Allan)의 묘기가 모두를
사로잡았다.

2019년 3월 30일, 토요일, 맑음

아찔했던 어제 여행으로 피곤했던지 한 번도 깨지 않고 늦게까지 푹
잤다. 바다도 유난히 잔잔했다.

오늘은 해적 방어 연습이 있었다. 옛날부터 이곳을 항해하던 배들이

스리랑카 실론티를 구매하고, 아름다운 여인들과 함께.
스리랑카 오토바이 택시, 툭툭.

해적의 습격을 많이 받았기 때문에 연습을 한다고 했다. 오전 10시 정각에 사이렌이 울렸다. 정해진 대로 커튼을 닫고 불을 끈 다음 바깥으로 나가서 벽 쪽에 앉아 사이렌이 다시 울릴 때까지 조용히 기다렸다. 문 앞에는 앉지 말아야 했는데, 해적들이 문을 향해 총을 쏘기 때문이라고 했다. 이런 연습을 여러 번 했다. 아무 탈 없이 항해하기를 기도했다.

오후에 모리셔스(Mauritius) 포트루이스(Port Louis)에 대한 여행 정보를 들었다.

멀리 몰디브(Maldives)가 보였다. 조용하고 깨끗한 환경과 다양한 해양 생태계를 간직한 환상의 섬이다. 바다를 사랑하는 여행자라면 꼭 가봐야 할 순례지다.

오늘은 선장이 초대하는 축제의 밤, 밤의 왕(Night of the Raj) 파티가 있었다. 인도 전통 옷을 입고 머리에도 장식을 한 사람들이 나와 한껏 아름다움을 뽐내었다.

선장 초대 파티는 항상 최고급 음식과 음료가 나온다. 우리는 친구 부부와 함께 일찌감치 파티장에 도착해서 캐비어, 랍스터, 샴페인, 와인, 칵테일 등 최고급 저녁 식사를 만끽했다. 라이브 음악과 함께 시간마저도 고급스럽게 흘러갔다. 선장은 크루즈에서 근무하는 기술자들을 소개했고, 모두가 큰 박수로 노고에 감사했다.

저녁 무대에서는 사만다 자이(Samanta Jay)가 피아노, 클라리넷, 섹소폰, 바이올린 4가지 악기를 멋지게 연주했다.

선장이 초대하는 축제의 밤, 밤의 왕(Night of the Raj) 파티.

2019년 3월 31일, 일요일, 맑음

오전 10시에 조나단 워드(Jonathan Ward) 선장이 주관하는 예배에 참석했다. 2주 만이어서 사람들이 많았다.

나와 동반해 줄 친구가 있는지, 나의 동반을 원하는 친구가 있는지 물어보는데, 생각이 많아졌다. 내가 동반하고 싶은 친구는 많은데, 그들의 생각은 좀처럼 알 수 없다. 내가 먼저 그들에게 진심어린 친구가 되어야 하리라. 쓸모 있게.

예배가 끝난 뒤, 코모도르 클럽에서 책을 읽었다. 바다를 보니 날으는 물고기들이 이곳저곳으로 날아다닌다. 너무 작아서 사진기에 담지 못해 아쉬웠다. 바다는 볼 때마다 신기하다. 더 많은 바다 식구들을 만나보고 싶다.

점심 때, 선장이 안내 방송으로 돌고래 떼가 배 옆을 지나간다고 알려주었다. 많은 사람들이 우루루 몰려가 쳐보았지만, 금세 저 멀리 사라졌다. 돌고래 소동을 보니 2년 전 한국에 갔다가 만난 신아연 작가가 생각났다. 그의 책 『강치의 바다』는 한국의 섬 독도에서 평화롭게 살았던 강치들이 일본에 의하여 쫓겨난 슬픈 운명을 다룬 이야기다. 엄연히 한국 땅인 독도를 일본 땅이라고 우기는 일이 더 이상 없기를 바란다.

저녁 무대에는 여자 가수 쟈신타 와이트(Jacinta Whyte)가 출연했다. 벌써 여행한 지 82일째다. 대서양, 태평양, 인도양을 지나 남대서양을 향하고 있다. 그동안 17개 나라 27개 항구에 정박했다.

2019년 4월 1일, 월요일, 맑음

새벽 4시경, 모두 잠든 사이에 우리 배는 적도를 지났다.

잠을 잘 잤는데도 왠지 몸이 무거웠다. 갑판을 걷는데 다리도

무거웠다. 세 바퀴쯤 돌다 그만두었다.

오전에 동아프리카 섬 레위니옹(Réunion)에 대한 여행 정보를 들었다.

발코니에서 책을 읽는데 돌고래 떼가 배 옆을 지나갔다. 펄쩍펄쩍

뛰어오르기도 하고 살짝 등만 보이기도 했다. 한바탕 바다가

들썩거렸다. 사람들도 들썩거렸다. 신기해서 눈을 떼지 못했다.

점심 때, 처음으로 한국 여행자 몇을 만났다. 반가웠다.

오후에는 적도 통과 의식이 있었다. 6개로 팀을 나눈 직원들이

프라이팬에 놓인 빵을 돌리면서 반환점을 돌아와서 다음 사람에게

건네주는 릴레이 경기, 작은 통을 입에 물고 반환점을 돌아와서

제자리에 똑바로 세우는 경기, 구명조끼를 입고 수영장을 헤엄쳐 빨리

돌아오는 경기를 펼쳤다. 서로 이기려고 안간힘을 썼다. 적도를

지키는 신이 들을 수 있도록 선수들과 구경꾼들의 함성이 우렁찼다.

무사 항해를 위해 목청을 돋우어 응원하는 사람들 모습이 재미있었다.

저녁 무대에는 마술사와 여러 악기를 다루는 여자 음악가가 출연했고,

그룹 찬게즈(Changez)의 흥겨운 연주와 함께 춤추고 노래하는 밤

파티도 열렸다.

오늘은 순엽이와 서로를 위해 기도하기로 약속한 월요일이다.

어려웠던 때 순엽이 도움이 얼마나 컸는지 나는 잊지 못한다. 순엽아,

정말 고마워.

세이셸 포트빅토리아의 아침.
일찍부터 항구에 나와 노래하고 춤추면서 환영하는 현지인들.

2019년 4월 2일, 화요일

아직 해가 뜨지 않아서 밤안개가 가득한 바다 위로 섬이 희미하게 보이기 시작했다. 배가 점점 항구로 들어서면서 눈 앞에 숨막힐 듯한 풍경이 펼쳐졌다. 절묘한 모양의 높은 산이 우리를 맞이했다.

세이셸(Seychelles) 포트빅토리아(Port Victoria)에 도착했다. 아프리카 동부 '인도양의 낙원'이라 불리는 섬나라, 세이셸은 프랑스와 영국의 속국이었다가 1976년 독립해서 유럽풍 건물과 문화가 남아 있다. 100여 개 섬으로 이루어져 있으며 세계에서 가장 아름다운 해변 1위를 기록한 럭셔리 신혼여행지로 알려져 있다. 영국 윌리엄 왕자가 신혼여행을 다녀갔고, 미국 오바마 대통령 부부, 영국 축구 스타 베컴 부부 등이 이곳에서 휴가를 보냈다.

이른 아침부터 우리 배를 기다리는 사람들이 항구에서 진을 치고 있었다. 상점도 즐비하게 서 있고 현지인들이 노래하고 춤추면서 환영해 주었다.

배를 나서자 우리에게 여행을 주선하겠다며 사람들이 몰려들었다. 그 중에서 독일어가 유창한 현지인의 제안을 선택했다. 1인당 90달러 하는 스노클링(Snorkeling)을 하러 배를 타고 바다로 나섰다. 오묘하고 신비하게 생긴 섬들, 하얀 모래, 푸른 바다와 하늘 그리고 야자수. 낙원이 있다면 이런 풍경이 아닐까. 한 폭의 그림이고, 한 편의 시였다. 여기저기 떠 있는 배들까지 아름다운 풍경이 되었다.

세인트앤마린국립공원(Sainte Anne Marine National Park)에 속한 모엔네섬(Moyenne Island)에 들렀다. 작은 섬이지만 따로 입장료

10달러를 지불했다. 이 섬 소유자였던 네 명의 무덤, 작은 교회, 거북이 생육장이 있었다. 180년 된 거북이가 느릿하게 우리를 반겨주었다. 다시 배를 타고 바다로 나가 스노클링을 했다. 남편과 다른 사람들이 모두 바다로 뛰어든 뒤에도 나는 머뭇거렸다. 스노클링이나 잠수를 해본 지 오래되어서 겁났다. 구명조끼를 입고서야 바다로 뛰어들었다. 수많은 물고기들이 나를 보고 놀라서 도망갔다가 다시 몰려왔다. 내가 신기하게 보듯이 물고기들도 똑같이 나를 보았다. 형형색색 물고기들이 내 발을 쫓기도 하고 콕콕 찍어보기도 했다. 무서움도 잊고 물고기들을 따라 이리저리 헤엄쳤다. 환상의 바다, 비밀스런 바다, 그 깊은 속을 들여다보느라 시간 가는 줄 몰랐다. 배에서 선장이 돌아오라고 손짓하자 사람들이 일제히 배로 이동했다. 나는 마지막으로 깊이 들어가 물고기들을 한 번 더 본 뒤 배로 돌아갔다. 재밌고 황홀한 시간이었다.

배는 점심 식사가 준비된 가까운 섬으로 달렸다. 그렇게 멋진 섬이 또 있을까? 예쁜 꽃이 꽂힌 코코넛이 우리를 반겼다. 한 개에 100루피(Rupee, 약 3유로)씩 두 개를 샀다. 차갑고 달콤한 코코넛 물이 목을 타고 흐르니 온몸이 시원해졌다. 생선과 닭고기 바베큐, 망고 샐러드 등 맛있는 음식으로 허기진 배를 채우고 나서 하얀 모래 위에 누우니 스르르 눈이 감겼다. 잠깐 쉰 뒤에 푸른 바다로 뛰어들어 몸과 마음을 둥둥 띄우고 하늘을 보았다. 하염없이 자연이 되었다. 손때 묻지 않은 자연이 눈물나도록 아름다우니, 부디 이 낙원이 파괴되지 않고 오래도록 후세에 남겨지길 바랐다.

스노클링(Snorkeling)을 하러 배를 타고 바다로 나서며.
세인트앤마린국립공원에 있는 모옌네섬에서 만난 180년 된 거북이.

스노클링하는 사람들.
이리저리 헤엄치는 물고기들.

차갑고 달콤한 코코넛이 있는 해변.
맛있는 점심식사.

평화로운 바다.
정박하고 있는 퀸 빅토리아.

여섯 시간 소풍을 끝내고 돌아오는 뱃길이 그저 흐뭇했다. 바다에서 바라보는 수도 빅토리아가 너무 아름다워서 한 바퀴 더 돌아보고 싶고, 저 산꼭대기에도 올라가 보고 싶었으나 배로 돌아가야 했다.

우리 배 입구에 장이 섰다. 남편은 이곳 전통 무늬가 있는 셔츠를 사고, 나는 코코넛 바가지를 샀다.

수평선 저멀리 해가 기울기 시작했다. 세이셸이 점점 멀어져 갔다. 우리는 오래도록 손을 흔들었다.

저녁 식사 때 식탁 친구들은 저마다 가고 보고 들은 것을 자랑하느라 열을 올렸다. 모두들 세이셸에 푹 빠져 하루를 보냈다. 다시 오고 싶은 곳, 세이셸은 그야말로 백점 만점이었다.

오늘 밤 무대에는 코미디언 피터 매튜(Pete Mattews)가 출연했다. 쇼 도중에 남편이 다른 남자 3명과 함께 무대로 불려나가 높은 자전거 타기 묘기에 보조 역할을 했다. 신나는 경험이라고 사진을 여러 장 찍었다.

2019년 4월 3일, 수요일, 맑음

모나로부터 지난 일요일에 함부르크로 이사를 잘 마쳤다는 소식이 왔다. 사진으로 보니 살 집도 좋아 보였고 다들 건강해 보였다. 5월부터 함부르크 에펜도르프(Eppendorf) 대학병원 소아과에서 일을 시작한다고 했다. 평소 아이들을 좋아하더니 잘된 일이었다. 아들 기도네가 우리 곁에 살다가 캐나다(Canada) 몬트리올(Montreal)로 이사 가서 매우 허전했는데, 베를린(Berlin)에 있던 딸 모나네가

세이셸의 석양.
코미디언 피터 매튜 쇼.

가까이로 이사 와서 무엇보다 기뻤다. '늙어서는 자식들이 옆에 살아야 해' 라고 하시던 어머니 말씀이 생각났다. 내가 독일에 간다고 할 때, 거기가 어딘데 가느냐며 걱정하시던 어머니는 3년 동안 집에 못 온다는 말에 많이 놀라셨다. 3년 동안 보지 못할 막내딸을 생각하며 얼마나 가슴 아프셨을까. '엄마가 되어봐야 엄마 맘을 안다' 는 말처럼 그때는 어머니 마음을 잘 몰랐는데 지금에서야 그 심정을 잘 알 것 같다. 몇 년 전 3년 반 계약으로 아들네가 한국 부산에 갈 때는 이상하게도 좋았는데, 이번에 아들네가 손녀손자를 데리고 훌쩍 캐나다로 떠난 뒤에는 오래 쓸쓸하고 허전했다. 여행을 마치고 돌아가면 함부르크로 이사 온 우리 딸네가 오손도손 마중나올 것을 상상하니 벌써부터 흐뭇해진다.

오후 3시 반, 티타임에서 안드레아와 비어기트를 만나 이야기 나누며 좋은 시간을 보냈다.

저녁에는 빅토리아 무도회(Victoriana Ball)가 있었다. 르네상스 시대를 떠올리게 하는 의상과 장식으로 꾸며졌다. 우리는 신기해하며 구경하고 사진 찍기에 바빴다. 퀸 빅토리아 크루즈에 걸맞는 무도회였다.

무대에서는 로얄 코트 씨어터 컴퍼니가 또 다시 멋진 공연을 펼쳤는데, 다들 일찍 잠자리에 들었는지 관람객은 적었다.

2019년 4월 4일, 목요일, 맑음

잠을 충분히 자서 그런지 아침 식사가 맛있었다. 몸무게를 재보지는

빅토리아 무도회.
남반구 하늘의 별을 관찰하는 특별 프로그램.

않았지만 다행히 늘어나진 않은 것 같다.

오전에 남아프리카공화국(South Africa) 포트엘리자베스(Port Eliza-beth)에 대한 여행 정보를 들었다. 노벨평화상을 수상한 넬슨 만델라(Nelson Mandela)의 나라고, 2010년 월드컵이 열렸던 나라다. 저녁에는 남반구 하늘의 별을 관찰하는 특별 프로그램이 진행되었다. 그동안 별을 보고 싶어도 불빛 때문에 잘 볼 수 없어 아쉬웠던 차였다. 일찍부터 많은 사람들이 9층 리도 갑판에 자리를 잡았다. 정각 19시 30분, 배의 모든 불을 끄니 사방이 캄캄하고 하늘의 별들만 반짝반짝 빛났다. 조나단 선장이 별에 관해 설명했다. 고대에는 신화 속 등장인물과 연결시켜 별의 이름을 붙이고 또 별을 보고 신화를 만들기도 해서, 별은 아랍어나 라틴어 이름을 가지고 있다. 별들을 레이저로 가리키면서 설명을 하는데 마치 옛날이야기를 들을 때처럼 빠져들었다. 별은 항해할 때 위치와 방향을 알려주는 고마운 존재다. 온통 캄캄한 속에서 별을 보고 있으니 옛 고향이 생각났다. 옛날 시골에는 전깃불이 없어서 밤이 되면 사방이 온통 깜깜한데다 공기도 맑아 별이 주먹뎅이만큼 큼직큼직하게 보였다. 손만 뻗으면 딸 수 있을 것 같았다. 보름달이 뜨면 책을 읽을 수 있을 만큼 환해서 늦게까지 놀이를 했다. 별 하나 나 하나 별 둘 나 둘…. 내 고향 뒷동산이 생각났다. 어머니, 아버지, 언니, 오빠, 친구 들이 생각났다. 다 별 덕분이다.

〈달 따러 가자〉 노래가 흥얼흥얼 입 속을 맴돌았다.

애들아 나오너라 달 따러 가자
장대 들고 망태 메고 뒷동산으로
뒷동산에 올라가 무등을 타고
장대로 달을 따서 망태에 담자

저 건너 순이네는 불을 못 켜서
밤이면 바느질도 못 한다더라
애들아 나오너라 달을 따다가
순이 엄마 방에다가 달아드리자

애들아 얼른 가자 달 뜰 때 맞춰
장대 들고 달을 따러 서둘러 가자
뒷동산에 아직은 달이 안 떠도
기다렸다 달 따야 망태에 담지

2019년 4월 5일, 금요일, 맑음
아침 7시에 우리 배는 동이 트는 모리셔스 포트루이스에 도착했다.
아프리카 동부, 인도양 남서부에 위치한 섬나라 모리셔스는
마다가스카르(Madagascar), 레위니옹과 가까이 있으며 네덜란드,
프랑스, 영국 식민지였다가 1968년에 독립했다. 유럽에서
신혼여행지로 또한 휴양지로 각광받는 섬이다.
안개가 걷히면서 멀리 높은 산들이 보이기 시작했다. 바다만 보고

오다가 정박할 항구에 다다르면, 이번에 만날 땅은 어떠할까 하는
기대와 호기심으로 설렌다. 배를 나서니 춤추고 노래하며 환영하는
현지인들이 반가웠다. 우리는 섬 전체를 돌아보는 '남쪽의
기쁨(Southern Delights)' 투어를 선택했다. 7시간이나 걸리는 코스를
설명하는 버스 안내인은 여성으로 독일어가 유창했다.

멀리보이는 세계 5대 활화산 피통드라푸르네즈(Piton de la Fournaise)
화산은 2632미터나 되며, 화산 폭발로 만들어진 주변 여러 풍경은
그야말로 장관이었다.

우리는 일곱 가지 색을 띤 무지개 화산 언덕에 들렀다. 화면으로 봤던
것보다는 못하지만, 울긋불긋 색이 다양한 화산 지형이 특이했다.

이동해서 점심 식사를 했다. 가까이 있는 나무에서부터 저 멀리
바다와 땅이 만나는 곳까지 푸르고 광활한 풍경이 펼쳐졌다. 보기만
해도 눈이 건강해지고 마음이 건강해지는 풍경을 앞에 두고 식사를
하니 그야말로 신선놀음 아닐까.

다음으로 힌두사원과 폭포를 구경했는데, 비가 내려 멋진 풍경은 다소
가려졌지만 그런 대로 운치 있었다.

안내인이 이곳은 당밀이나 사탕수수 즙을 발효시켜서 증류한
뱃사람의 술, 럼(Rum)이 유명하다고 하니, 모두들 럼을 사겠다고
슈퍼에 들렀다. 너도나도 술을 사서 들고 나오는 틈바구니에 남편도
끼어 있었다.

배로 돌아오니 비가 개였다. 우리 배 뒤로 둥글고 큰 무지개가 떴다.
'빨주노초파남보' 일곱 색이 참 곱고 선명했다. 뭔가 근사한 일이 있을

크루즈에서 본 동트는 모리셔스 포트루이스.
춤추고 노래하며 환영하는 현지인들.

출발을 기다리는 투어 버스들.
세계 5대 활화산 피통드라푸르네즈 화산.

일곱 가지 색을 띤 무지개 화산 언덕.
푸르고 광활한 풍경을 앞에 두고 점심 식사를 하며.

폭포.
크루즈 뒤로 뜬 둥글고 큰 무지개.

것 같았다.

우리 배가 다시 움직이기 시작했다. 항구에서 노래와 춤으로 환송하는 현지인들을 향해 우리도 손을 흔들었다.

저녁 무대에서는 클레어 랑간(Clare Langan)이 클라리넷을 연주했다. 좋은 하루였다.

2019년 4월 6일, 토요일, 흐리고 비기 오고 맑음

예정대로 아침 7시에 레위니웅에 도착했다. 동아프리카 서인도양에 있는 마스카렌 제도에 속한 섬으로 영어로 '리유니온'이라 알려지기도 했다. 주도는 생드니(Saint-Denis)다. 프랑스에 속해 있으며 유럽연합에도 들어 있다. 이 섬 사람들 생계가 설탕에 의존하고 있을 만큼 사탕수수 농장이 많다.

우리는 먼저 택시로 투어했다. 기사가 불어로 말하는데 다행히 남편이 알아듣고 내게도 설명해 주었다. 바다를 끼고 달리면서 보는 풍경이 황홀했다. 고불고불 산길을 따라 올라가는 계곡에는 여기저기 폭포가 쏟아졌다. 비가 내리고 안개가 계곡을 덮었지만 더욱 신비해 보였다. 폭포의 천국이었다. 나무에 파란 이끼가 끼었고 큰 풀과 덩굴 들이 갖가지 모양을 한 원시림도 펼쳐졌다.

다음으로 배를 타고 해수욕장이 있는 데니스(St. Denis)와 질레스(St. Gilles)를 돌아보았다.

저녁 식사 때 모인 친구들은 저마다 좋은 투어였다고 말하면서도 비와 안개 때문에 레위니웅의 진수를 볼 수 없었다고 아쉬워했다.

크루즈에서 본 레위니옹.
비가 내리고 안개가 계곡을 덮었지만 더욱 신비해 보이는 폭포들.

레위니옹을 함께 둘러본 크루즈 친구들.
레위니옹을 떠나며 갑판에서.

리도 갑판에서는 밤 파티가 열렸고, 무대에서는 코미디언 윌리엄 카필드(William Caulfild)가 웃음을 선사했다.

2019년 4월 7일, 일요일, 맑음

양일간의 여행으로 피곤했던지 오전 8시가 넘어서 깼다. 걸어서 갑판을 네 바퀴 돌았다.

오전 10시에 토마스 코네리(Tomas Connery) 선장이 주관하는 예배에 참석했다. 믿음, 소망, 사랑 중에 제일은 사랑이라고 이야기했다. 맞는 말이다.

우리 방 책상에 앉아서 일기를 썼다. 앞으로 일요일이 두 번 지나면 모든 여행은 끝난다. 벌써 그렇게나 시간이 지났다.

오늘은 특별하게 독일 승객을 위한 '독일식 점심 식사'가 있었는데 장소를 착각해서 참석하지 못했다. 남편이 하루종일 아쉬워했다. 아무리 다른 나라 음식이 맛있다 해도 자기 나라 음식만은 못하다. 음식에는 그리움과 향수 그리고 많은 추억과 옛 이야기들이 담겨 있다. 단순히 먹기만 하는 것이 아니다.

갤러리에서는 화가 콜린 뱅크(Colin Bank)의 호랑이 그림 전시회가 열렸다. 세미나, 설명회, 그리기 등 다른 프로그램도 진행되었다.

저녁 무렵, 우리 배는 세계에서 네 번째로 큰 섬이라는 마다가스카르를 지났다. 이 섬에서만 발견되는 독특한 동식물종이 많다는 신비의 섬나라이자 공화국이다. 석양에 물드는 섬이 장관이었다.

석양에 물드는 마다가스카르.

화가 콜린 뱅크의 호랑이 그림 전시회.

저녁 무대에는 남자 4명으로 구성된 트루바도르(Troubadour)가
출연했다.

2019년 4월 8일, 월요일, 흐리다 맑음

남편은 수영장을 70바퀴나 헤엄쳤는데, 나는 갑판을 네 바퀴만
돌았다. 배가 많이 흔들려 걷기 어려웠다.

오전에 남아프리카공화국 케이프타운(Cape Town)에 대한 여행
정보를 들었다. 이곳에서 이틀을 머문다.

코모도르 클럽에 앉아 책을 읽는데 우리 배 옆으로 날으는 물고기들이
이리저리 뛰어올랐다. 날아다녔다. 새는 하늘을 사랑한 물고기가 변한
것이라는 이야기를 들은 적이 있다. 어디서 누구에게 들었는지
기억나지는 않지만, 날으는 물고기를 보면 그 이야기가 맞는지도
모르겠다. 새의 날개는 지느러미가 진화해 생긴 것일지도 모른다.
바닷 속 생명들은 참, 신기하고 신비롭다.

남편과 함께 책을 읽다가 점심을 먹으러 갔다. 앞서 가는 남편의
뒷모습을 보면서 흘러간 세월의 흔적을 보았다. 세월이 가면 다
늙는다. 다 알고는 있지만 실제로 늙어가는 모습을 보니 마음이
짠하다. 우리 부부는 1982년에 결혼해 함께 늙어가고 있다. 31년이란
긴 세월 동안 병원을 운영하던 남편은 2018년 12월에 은퇴했다. 많은
여성들이 은퇴한 남편과 24시간 함께 있어야 할 상황을 조심스럽게
걱정한다. 어떤 친구는 남편이 더 일했으면 좋겠다고 푸념하기도
한다. 나는 남편이 은퇴하자마자 크루즈 세계 일주 여행을 하게

가면무도회.
로얄 코트 씨어터 컴퍼니 공연.

되어서 남편과 24시간 함께 있는 것을 남다르게 체험하고 있다.

아직까지 푸념할 거리나 불편한 일은 없다. 남편은 삶의 동반자, 늘 함께하는 짝꿍, 내 이야기를 들어주는 친구, 가장 가까운 내 편이다. 가끔 싸움도 하지만 늘 내 곁에 있어주는 고마운 사람이다. 37년 넘게 부부로 살아온 우리들. 늘 함께해도 지루하지 않은 부부가 되었으면 좋겠다.

오후 3시 반이 되니 남편은 물병에 술을 채우고는 장난스럽게 '차'라고 하면서 카드놀이를 하러 갔다.

저녁에는 가면무도회가 있었다. 가면이며 의상들이 멋져서 바라만 봐도 황홀한 파티였다.

무대에는 전속 팀, 로얄 코트 씨어터 컴퍼니가 출연했다. 여러 번 보아도 좋은 공연으로, 박수가 넘쳐났다.

남편이 벌써 코를 곤다. 나도 이제 자야겠다.

2019년 4월 9일, 화요일, 맑음

파도가 높았다. 배가 많이 흔들려 걷기가 힘들었다.

아침에 크루즈 측이 주선하는 행사로 주방이 개방되었다. 나라도 문화도 다른 수많은 사람들이 매일매일 먹는 그 많은 음식을 어떻게 만드는지 알 수 있는 유익한 행사로 벌써 두 번째다. 하루에 9,000여 개 음식을 만든다면서 약 2주일간 사용되는 재료와 양을 소개했다. 고기 180톤, 닭과 오리와 칠면조 12톤, 생선과 해산물 20톤, 과일과 야채 70톤, 우유 38,675리터, 쌀 3톤, 계란 4,666개, 설탕 3톤, 밀가루 8톤,

치즈 30톤, 맥주 2,280리터, 음료 3,500병, 와인 5,250병, 샴페인 530병, 피자 1,600여 판, 차 70,000여 컵 등 쉽게 가늠하기 힘든 양이었다. 주방은 깨끗하게 정돈되어 있고 일하는 사람들도 많았다. 아무래도 파티며 각종 행사가 많고, 메뉴가 다양해서 주방 일이 중노동이지 않을까 생각했다. 이곳에서 제공되는 음식들은 귀하고, 맛있고, 종류도 다양해 전반적으로 좋은데, 가끔 김치가 나온다면 나에게는 온전히 백점 만점일 것이다.

리도 갑판에서 얼음 조각 시범이 있었다. 파티 음식을 차릴 때 빠지지 않는 얼음 조각 장식 만드는 것을 직접 보니 신기했다. 큰 얼음덩어리를 가지고 30분 만에 새 모양을 만들어 낸 조각가에게 큰 박수를 보냈다.

오후 2시에 합창단 발표회가 있었다. 앙겔리카가 출연했다. 우리 식탁 친구들이 모두 가서 응원했다. 앙겔리카는 짧은 시간에 연습이 부족했을 텐데도 너무너무 잘했다.

저녁 무대에는 음성이 특이하면서도 풍부한 여가수 토니 완(Toni Warne)이 출연해 무대를 휩쓸었다.

2019년 4월 10일, 수요일, 맑음

오전 6시쯤에 남아프리카공화국 포트엘리자베스에 도착했다. 이른 아침부터 2,000여 명의 여권을 확인하느라 2, 3층 복도가 꽉 찼다. 아프리카 여성이 여권을 확인하는 시간은 단 20-30초. 이토록 짧은 절차를 치르기 위해 40여 분을 기다린 아침이 짜증스러웠다.

크루즈 측이 주선하는 주방 개방 행사.
앙겔리카가 출연한 합창단 발표회.

얼음 조각 시범.

포트엘리자베스는 남아프리카공화국 케이프주 동쪽 기슭에 있는 도시다. 넬슨만델라베이 메트로폴리탄 지구 일원으로 남아프리카공화국에서 다섯 번째로 큰 도시요, 세 번째로 큰 항구다. 케이프타운에서 약 770킬로미터 떨어진 곳에 있으며 '다정한 도시', '바람의 도시'라고 불린다. 사파리 여행을 즐기는 관광객들이 선호하는 도시다.

배를 나서니 현지인들이 역동적인 춤과 노래로 우리를 환영했다. 오래 전에 이곳에 와본 적이 있는 우리는 이미 케냐의 마사이 마라 사파리(Masai Mara Safari)와 크래저 공원(Kroeger Park) 투어를 한 적이 있다. 1인당 4-5시간에 100달러로 그리 싼 투어가 아니었는데도 크루즈 측 사파리 투어보다는 현저하게 싼 가격이었다. 우리는 택시를 예약해 자유롭게 카라가카마게임국립공원(Kragga Kamma Game Park)과 사자와 호랑이 공원(Lions and Tigers Park)을 돌아보았다. 뭐니뭐니해도 사파리에서 빼놓을 수 없는 동물은 기린이다. 파란 하늘 아래 긴 목을 움직여 나뭇잎을 따먹는 모습을 보다가 문득, '모가지가 길어서 슬픈 짐승이여'라고 노래한 노천명 시인의 「사슴」이란 시가 떠올랐다. 누군가를 애타게 기다릴 때 목을 길게 빼고 기다린다고 하는데, 기다린다는 것은 슬픔일까, 기쁨일까. 목이 긴 짐승은 얼마나 애가 탔을까. 그 긴긴 기다림은 무엇이었을까. 기린을 보니 괜스레 애수가 느껴졌다. 얼룩덜룩 기린 무늬는 언제 보아도 신비로웠다. 패션모델 뺨치는 기린들이 멋지게 사진 찍으라고 폼나게 서 있었다. 코뿔소, 흰코뿔소, 산돼지, 흑멧돼지, 노루, 스프링복, 타조, 얼룩말,

크루즈에서 본 남아프리카공화국 포트엘리자베스.
역동적인 춤과 노래로 환영하는 현지인들.

카라가카마게임국립공원.
사파리에서 빼놓을 수 없는 동물, 기린.

사파리에서.
코뿔소와 투어 버스.

치타, 호랑이, 사자 등 여러 동물도 보았다. 호랑이나 사자는 철조망에
가두고 양육해서 실감이 덜했다.

그런 대로 재미있게 사파리를 구경하고 돌아왔는데, 남편이
휴대전화를 택시에 두고 와서 한바탕 소동을 벌였다. 택시 소개소에
전화해 사정을 이야기했는데, 우리를 태웠던 기사는 냉정하게 보지
못했다고 했다. 어느 안내인의 도움으로 경찰에 신고하고 무려
3시간이나 기다렸는데 결국 시간만 낭비했다. 모든 것을 포기하고
이러저러한 조치를 하느라 피곤한 오후를 보냈다.

휴대전화를 잃어버린 충격 때문인지 남편은 벌써 잠이 들었다.

2019년 4월 11일, 목요일, 흐림

새벽 5시 반경에 눈이 떠져서 밖을 내다보니, 안개가 끼고 비가 오는지
유난히 어두웠다. 어제 저녁부터 날씨가 갑자기 추워져서 외투를
입어야 했다. 너무 이른 시간이라 다시 잠을 청했으나 잠이 오지
않았다. 어제 일도 일이지만, 여행이 끝나가니 마음이며 생각이
잡다했다.

아침에 음식 만들기 체험 강좌가 있었다. 인도인 강사 레자
마호메드(Reza Mohammad)는 유머를 섞어가며 재미있게 인도 음식
만드는 방법, 소스 만드는 방법을 소개했다.

오후에는 함부르크 친구와 차를 마시며 담소했다.

저녁 무대에는 남자 그룹 트루바도르가 출연했다.

인도인 강사 레자 마호메드의 인도 음식 만들기 체험 강좌.

2019년 4월 12일, 금요일, 흐리고 비가 옴

케이프타운에 도착했다. 남아프리카공화국 입법 수도이자 항구
도시다. 테이블산(Table Mountain)과 사자머리산(Lion's Head Mountain) 아래 자리 잡은 이 도시는 아름다운 자연, 쾌적한 기후, 눈부신
해변으로 세계 관광객들이 몰려드는 유명한 관광도시다. 흑인과 백인
간의 빈부 차이가 크고, 범죄가 많고, 치안이 불안한 이면도 있다. 이런
곳에서 노벨평화상 수상자가 4명이나 나왔다는 것은 놀랄 일이다.
노벨 스퀘어에는 4명의 동상이 있는데, 그 중 세계인권운동의
상징적인 존재이자 남아프리카공화국의 자랑스런 인물 넬슨 만델라는
길고 긴 감옥살이를 마치고 민주적으로 당선된 대통령이었다. 그가
있었던 감옥은 현재 박물관이 되어 수많은 사람들이 방문하고 있다.
항구가 보이기 시작하자 동시에 해돋이가 시작되는지 저멀리
수평선이 불그레했다. 이 순간을 놓치지 않으려고 빨리 옷을 갈아
입고 9층 갑판으로 나갔다.
아니나 다를까. 황홀한 해돋이가 시작되었다. 하늘과 바다를 온통
붉게 물들이면서 태동했다. 서서히 해가 얼굴을 보였다.
테이블산 꼭대기는 늘 안개가 끼어 봉우리를 보기 힘들다는데, 온전히
봉우리까지 다 볼 수 있었다. 붉은 해가 테이블산과 그 옆
사자머리산을 환하게 비추면서 떠올랐다. 탄성이 저절로 나왔다. 이른
아침이라 일하는 사람 말고는 주변에 아무도 없으니, 온전히 나
혼자서 만끽하는 풍경이었다.
우리는 시티 투어 버스를 탔다. 오래전에 왔던 곳이라 몇몇 건물과

케이프타운에 정박한 퀸 빅토리아.
노벨 스퀘어.

길이 눈에 익었다. 아름다운 실루엣의 도시, 케이프타운. 버스는 시내를 벗어나고 나무가 우거진 숲을 지났다.

우리는 와인 농장에서 내렸다. 테이블산 뒤편 자락으로 시내보다 훨씬 따뜻한 이 동네는 세계 갑부들이 사는 동네라고 했다. 부를 상징하는 호화 빌라와 정원 그리고 와인 농장들이 그림 같았다. 남편은 코스를 잘 선택했다며 만면에 웃음을 머금었다. 느긋하게 햇빛을 받으며 식탁에 앉아 와인과 음식을 즐기며 따스한 오후를 보냈다.

대서양을 끼고 하우트만(Haut Bay), 반트리만(Bantry Bay) 가는 곳에 있는 아포스텔(Apostel)산, 예수 12제자를 일컫는 이 아포스텔산 자락에 형성된 동네는 해변가와 어우러져 풍경이 근사했는데, 바로 옆에는 빈민촌 타운십(Town ship)이 있어 대조적이었다. 길이나 나무 등을 사이에 두고 완전히 다른 모습으로 사는 것을 볼 수 있었는데, 빈민촌 사람들은 대부분 흑인이었다. 부와 가난이 극심한 대조를 이루며 공존하는 환경이니, 살인 등 강력 범죄가 빈번한 것은 어쩌면 당연한 일 아닐까. 안타까웠다.

해산물이 유명하다는 해안쪽 어느 식당에서 생굴, 오징어 바비큐와 함께 와인을 마시면서 케이프타운의 밤을 늦게까지 즐겼다. 처음 케이프타운에 왔을 때는 범죄가 많이 발생하므로 절대 밤에 나가지 말라 해서 낮에만 돌아다녔는데, 오늘밤은 라이브 음악과 함께 관광객들이 넘쳐났다. 월드컵 세계 대회 이후로 많이 달라진 모양이었다.

저녁 무대에서는 현지의 공연단인 필더 리듬 오브 아프리카(Feel the

케이프타운 전경.
와인 농장.

아포스텔산 자락에 형성된 부유한 동네.
대조적인 빈민촌 타운십.

테이블산.
케이프타운의 야경.

Rhythms of Africa)가 특별 출연해 전통 음악과 춤으로 멋진 밤을 선사했다.

2019년 4월 13일, 토요일, 흐림

어제에 이어 버스 투어를 했다. 오늘은 테이블산에 올라가 보기로 했다. 예전에 왔을 때 꼭대기에 안개가 끼어 올라가 보지 못했는데, 오늘도 갑자기 안개가 끼어 케이블카 있는 곳에서 시내 전경을 감상하는 데 그쳐야 했다. 뒤에는 테이블산이 앞에는 바다가 있어서 아늑했다. 월드컵 축구 경기장도 보이고 넬슨 만델라를 가두었던 로벤섬(Robben Island)도 보였다. 세모난 사자머리산도 보였다. 우리는 유명 해변가를 돌아 시내에 내려 도시 중앙부를 도는 노란색 버스를 탔다. 비가 내리기 시작했다. 그린 마켓을 둘러보다가 멋진 목걸이를 하나 샀다. 원주민 아이들이 거리에서 특이한 전통 의상을 입고 춤을 추며 돈을 모으고 있었다. 남은 돈을 탈탈 털어 아이들 주머니에 넣어주었다.

깜짝 놀란 일도 있었다. 길을 가는 중에 소매치기가 남편 등가방을 열다가 어느 여자에게 발각되었다. 순식간이었다. 그 여자는 우리에게 관광객이 많은 곳에는 소매치기가 많으니 조심하라고 일러주었다. 저녁 무렵 갑판에서는 케이프타운과 이별하는 파티가 열렸다. 많은 사람들이 멀어져 가는 케이프타운을 바라보면서 손을 흔들었다. 바다에서 보는 도시는 또 다른 모습이었다. 석양이 붉었다. 이곳에 도착할 때의 아침과 같이 테이블산과 사자머리산이 붉게 물들었다.

테이블산에서 바라본 케이프타운.
사자머리산.

거리에서 특이한 전통 의상을 입고 춤을 추며 돈을 모으는 원주민 아이들.
크루즈에서 본 멀어져 가는 케이프타운 전경.

월드컵 경기장, 희망봉, 로벤섬 등도 함께였다.

안녕, 케이프타운. 보고 또 봐도 아름다운 도시가 서서히 어둠 속으로 사라졌다.

식당에는 낯선 손님들이 가득했다. 케이프타운에서 800여 명이 내리고 400여 명이 탔다고 했다.

새 손님 환영 쇼(Welcome Be our Guest)가 있었다. 무대에서는 전속팀 로얄 코트 씨어터 컴퍼니가 공연했다.

2019년 4월 14일, 일요일, 흐리다 맑음

아침에 발코니에 나가니 날씨가 차가웠다.

오늘 예배는 조나단 워드(Jonathan Ward) 선장이 인도했다. 두 사람이 나와 성경을 읽는데 백인 여성은 영어로, 흑인 여성은 자기 언어로 읽었다. 이 흑인 여성은 이 배에서 청소부로 있다가 세계 여행을 안내하는 사람이 되었다고 했다.

12시, 선장의 안내 방송에 의하면 우리 배는 남아프리카공화국, 나미비아(Namibia) 해변가를 지나 월비스베이(Walvis Bay)로 항해하고 있었다. 벌써 대서양으로 다시 돌아가고 있으니 곧 지구 한 바퀴를 돌게 된다.

골든라이온 클럽에서 '록 킹 롤' 공연이, 대극장에서 코미디언 케브 오키안(kev Orkian) 쇼가 있었다.

2019년 4월 15일, 월요일, 흐림

예정대로 오전 6시에 우리 배는 대서양 나미비아의 항구 도시 월비스베이에 도착했다. 이곳은 자연이 잘 보전되어 있어 펠리칸, 홍학 등 수많은 새들을 볼 수 있으며, 바다가 오염되지 않아 돌고래, 고래, 물개 등도 볼 수 있다. 산같이 높고 낭떠러지 같은 사막이 광활하게 펼쳐져 있는데다 붉은색을 띤 사막이 파란 하늘과 바다와 어울려 그야말로 신비한 풍경을 자아낸다. 모래언덕, 샌드위치 하버(Sandwith Habour), 스와코프문트(Swakopmund) 등 세계 관광객을 끌기에 충분한 관광자원을 가지고 있는 나라다.

가장 관심을 끈 것은 광활한 사막과 스와코프문트였다. 하늘과 맞닿은 사막을 다시 한 번 보고 싶었다. 우리 가족이 리비아에서 살았을 때, 광활한 사막을 걸어본 적이 있는데 그때 보았던 사막과 오아시스가 지금까지 멋진 추억으로 남아있었다. 이번에는 자동차로 스릴 있게 광할한 사막을 달려보기로 했다. 우리는 1인당 200달러에 4시간 30분 정도 소요되는 '샌드위치 하버 4×4' 투어를 예약했다. 너무 비싸 포기할까 하다 단단히 맘을 먹었다. 1차 세계 대전이 시작되기 전 약 30여 년간 독일 식민지였던 스와코프문트. 해방이 된 뒤에도 그 후예들이 아직까지 살고 있다는 '독일 도시'도 꼭 가보고 싶었다.

먼저 스와코프문트를 방문했다. 어느 독일 부부와 함께 택시를 타고 갔다. 항구에서 약 30킬로미터 정도 떨어진 곳에 있었는데 가는 동안 한쪽으로는 바다가, 한쪽으로는 사막이 펼쳐졌다. 유럽풍, 독일풍 도시 스와코프문트에 도착해 각각 원하는 대로 다니다가 만나기로

나미비아의 항구 도시 월비스베이.
바다 위를 날으는 수많은 새들.

하고 흩어졌다. 이름 모를 바닷새들이 줄지어 바다 위로 날아가는 것이 보였다. 수없이 많은 새들이 까륵까륵 소리를 내며 오갔다. 어디를 가는지 몰라도 새들은 파도가 하얗게 부서지는 바다 위를 줄지어 날아가고 또 날아갔다. 독일 거리, 독일 약국, 독일 유치원, 독일 학교, 독일 슈퍼마켓 등 독일어로 쓴 간판과 독일풍 건물들을 보니 참 묘하게 감정이 엇갈렸다. 독일 국기를 걸어놓은 집을 봤을 땐 가슴이 찡했다. 태극기를 보면 가슴이 뭉클해지는 한국 사람인 동시에 독일 사람이라서 독일과 관련된 것을 보면 내 것처럼 정이 간다. 46년, 긴 세월을 독일에서 산 나는 사고방식도 많이 변해 독일화되었다. 가족 구성원도 내 쪽보다 독일 쪽 비중이 더 크다. 온통 독일 문화 속에서 살지만 한국인 정체성을 외면하지 않는다. 아직도 국경은 차별을 만들고 인종을 구별하지만, 이미 세계는 지구촌이 되었다. 오후에는 기다리고 기다리던 스릴 여행 '샌드위치 하버 4×4'가 시작되었다. 첫 번째로 간 곳은 바다와 연결된 호수로 연분홍색 홍학들을 볼 수 있었다. 두 번째로 간 곳은 흰색, 분홍색, 빨간색의 물감을 풀어놓은 것 같은 갯벌이었다. 무지개가 땅에 펼쳐진 듯했다. 1대에 4명씩 태운 지프차 5대가 나란히 줄을 지어 달렸다. 우리를 실은 지프차 기사는 젊은 남자로 독일어를 유창하게 하는 독일인 후예였다. 그는 우리에게 할아버지, 아버지 세대 이야기와 더불어 독일인 후예로 사는 자기 이야기도 해주었다. 해안가를 지날 때, 물개들이나 산양도 볼 수 있었다. 갑자기 지프차들이 속력을 냈다. 몇 미터나 되는 모래 낭떠러지와 모래 산들이 달나라 풍경 같았다. 스릴 100퍼센트인 이번

월비스베이 속의 독일 도시, 스와코프문트.
스와코프문트에서 본 독일 약국 간판과 독일 국기.

투어는 심장이 약한 사람은 금지다. 90도 경사진 사막을 오르내릴 때 금방이라도 차가 뒤집혀 사고가 날 것 같은 순간을 경험하게 하는 것이 이 코스의 포인트다. 곤두박질할 것 같은 묘기를 보이며 지프차들이 사막 계곡을 오르내렸다. 한동안 손에 땀을 쥐게 하는 스릴을 만끽하다가 휴식 시간이 되어 모두 한자리에 모였다. 깎아지른 모래 산 밑에 맛있는 음식과 음료수가 차려졌다. 깎아지른 사막과 파란 하늘. 바로 이 풍경에 젖어 보고 싶었는데 100퍼센트 만족스런 경험이었다. 잊지 못할 사막에서의 소풍이었다. 먹고 마시고 또 사진을 찍으며 휴식 시간을 보낸 뒤, 더 놀라운 묘기를 체험하게 해주겠다며 다시 시동을 걸었다. 천천히 평평한 사막을 지나면서 사막여우를 만났다. 차가 속력을 내기 시작하더니 낭떠러지를 향해 달렸다. 하얀 모래가 뿌옇게 흩어지고 우리 차는 곤두박질하듯 앞머리가 모래에 잠겼다가 어느새 다시 언덕 위로 올라섰다. 긴장되는 묘기를 여러 차례 한 뒤, 바닷가를 지나 천천히 달렸다. 모래밖에 없는 허허벌판, 사막에서 다양한 풍경을 보고 다양한 감정을 느낄 수 있다니 놀라웠다. 비싼 가격이지만 그 값을 한 투어였다.

오후 7시쯤, 우리 배는 월비스베이를 출발해 다음 방문지로 향했다. 잊지 못할 추억과 강렬한 인상을 간직 한 채 아쉬운 이별을 했다. 저녁 무대에선 제이미 허친슨(Jamie Hutchinson)의 바이올린 연주가 심금을 울렸다.

대서양이 남성적인 기질을 보여주는지 바람이 세고 배가 많이 흔들렸다. 이불을 목까지 끌어올리고 오늘 하루를 되새겼다.

달나라 풍경 같은 모래 산.
높은 모래 언덕에 잠시 멈춰선 지프차들.

소풍 나온 것처럼 모래 산 밑에 맛있는 음식과 음료수가 차려진 휴식 시간.
곤두박질하듯 달리는 지프차들.

함께 사막을 달린 지프차들 앞에서.
광활한 사막.

2019년 4월 16일, 화요일, 흐림

앞으로 장장 8일간 다음 방문지인 스페인(Spain) 그란카나리아(Gran Canaria)를 향해 항해한다. 이번 여행 중 가장 긴 항해다.

어제 몹시 피곤했는지 늦잠을 잤다. 해가 뜬 지 오래여서 창밖이 훤했다. 8일 동안은 배에서 내릴 필요가 없으니 늦잠도 자고 내 맘대로 하루를 보낼 수 있어서 마음이 편했다. 발코니에 나가 바다를 보았다. 밝은 햇빛을 받은 아침 바다가 금가루 은가루를 뿌려놓은 것같이 반짝였다. 하얀 파도가 신비한 무늬를 만들었다. 무슨 이야기가 그리 많은지 쉬지 않고 수근댔다.

어제 투어한 일을 생각하면 아직도 온몸이 간질간질했다. 아이들이 놀이공원에서 놀이기구를 타며 신나게 고함지르고 즐겁게 웃는 이유를 충분히 알 것 같았다.

망망대해를 바라보며 여유로운 시간을 보냈다. 남편은 인터넷을 통해 캐나다 몬트리올에 살고 있는 아들과 화상으로 대화했다. 인터넷이 없었다면 어떠했을까? 아이들에게서 온 소식과 사진들을 보면서 할머니, 할아버지의 기쁨을 만끽했다.

중앙홀에서 바자회가 열렸다. 언제 만들었는지 손수 만든 인형, 장난감, 카드 들과 여러 물건들이 선보였다. 크루즈 세계 일주 여행이 끝나는 날이 다가오니 좋기도 하지만 서운하기도 하다.

저녁 무대에서는 전속 팀 댄스 나이트(Dance Night) 공연이 화려하게 펼쳐졌다.

망망대해를 바라보며.
캐나다 몬트리올에 살고 있는 아들과 화상으로 대화하는 남편.

2019년 4월 17일, 수요일, 흐리다 맑음

오전 10시에 스페인 그란카나리아에 대한 여행 정보를 들었다. 이
섬은 우리 부부에게 특별한 곳이다. 남편 볼프강을 알게 된 뒤
처음으로 여행을 갔던 곳이다. 내가 독일에 머무는 동안 휴가라는
이름으로 다른 나라에 간 것도 처음이고 또 남자랑 여행을 간 것도
처음이었다. 그때만 해도 결혼한 사이도 아니면서 남자와 여행하는
것은 쉬운 일이 아니었는데, 나는 매우 용감했다.

오늘도 바자회가 열렸다. 옷, 뜨개질, 그림, 카드, 인형, 장난감 등
애장하는 물건들과 손수 만든 물건들이 선보였고, 사고 파는 사람들로
중앙홀이 꽉 찼다.

오후에는 와인 시음회와 티타임에서 함부르크 친구들과 만나 즐거운
시간을 보냈다.

저녁 무대에는 악기를 잘 다루는 여가수 조지나 잭슨(Georgina Jack-
son)이 출연했다.

보름달이 떴다. 망망한 바다 위에 둥근 달이 두둥실 떴다. 파도는
하얗게 부서지고, 하얗게 지나온 길이 되었다. 나도 모르게 어릴 적
불렀던, 윤극영 선생이 작사 작곡한 노래 〈반달〉을 흥얼거렸다.

푸른 하늘 은하수 하얀 쪽배엔
계수나무 한나무 토끼 한마리
돛대도 아니 달고 삿대도 없이
가기도 잘도 간다 서쪽 나라로

바자회에 선보인 물건들.
사고 파는 사람들로 꽉 찬 중앙홀.

은하수를 건너서 구름나라로
구름나라 지나선 어디로 가니
멀리서 반짝반짝 비추이는 건
샛별 등대란다 길을 찾아라

2019년 4월 18일, 목요일, 맑음

아침부터 햇빛이 눈부셨다. 3층 갑판에 걷는 사람들이 많았다. 갑판이
그리 넓지 않기 때문에 한 방향으로 걸어달라는 알림이 있는데도 이를
어기는 사람이 있어 불편할 때가 있다. 오늘도 그런 여자가 있었다.
오후에 우리 방에서 앙겔리카의 생일 축하 파티를 했다. 58세 되는
앙겔리카는 왕성한 활동을 하는 변호사로 사무실을 2개나 운영하고
있다. 정확하면서도 긍정적인 성격으로 늘 우리에게 웃음을 선사했다.
산드라가 생일 축하 장식을 준비해 우리 발코니에 달아 놓았다. 생일
축하 노래와 함께 샴페인을 터뜨리며 앙겔리카의 건강과 행복을
빌었다. 멋진 생일 파티였다.
저녁 식사 때, 우리에게 서비스하는 웨이터들이 모여 축하 노래를
부르며 앙겔리카의 생일을 축하해 주었다. 늘 손님을 위해 섬세하게
서비스하는 센스가 참 좋다.
9층 갑판에선 재즈의 밤(Jazz Night)이, 중앙홀에선 전속 밴드 빅 밴드
나이트(Big Band Night)와 함께하는 춤 파티가 열렸다. 대극장에선
필립 히치콕(Philip Hitchcock)의 마술쇼가 있었다. 대형 풍선 속에
들어갔다 나오는 마술로 우뢰와 같은 박수를 받았다.

앙겔리카의 생일 축하 파티.
필립 히치콕의 마술쇼

환한 달빛이 방 안까지 비쳤다. 언제나 잘 정리된 방, 잘 정리된 침대 위에 맛있는 초콜릿과 다음 날의 프로그램이 놓여 있었다. 크루즈 여행 중 손님들을 위한 서비스는 무엇이든 만점이었다. 대부분 필리핀 사람들이 서비스하는데 친절하고 부지런했다.

2019년 4월 19일, 금요일, 맑음 뒤에 비가 옴

아침에 눈을 뜨니 9시가 다 되었다. 한 번쯤은 경험해 보라는 지인의 말에 오늘은 아침 식사를 방으로 배달해 달라고 했다. 발코니에 식탁을 펴니 약간 좁지만 그런 대로 낭만적이었다. 둘이서 느긋하게 커피를 마시면서 아침 식사를 즐겼다. 바닷바람이 섞인 커피 향이 좋았다.

오늘은 네 번째로 적도를 지나니 적도 통과 의식이 있는 날이지만 아쉽게도 오후에 비가 내려 취소되었다.

오늘은 여행 100일째 되는 날이다. 발코니에 앉아 비가 오는 바다를 바라보면서 이런저런 생각에 젖었다.

여행을 시작하는가 했는데 벌써 마지막 10일을 남겨놓고 있다. 여러 이야기와 경험을 남기고 마지막 단계로 향하고 있다. 시작이 있으면 끝이 있게 마련이지만 이렇게 빨리 지나갈 줄이야. 남은 날들을 더 깊이 음미해야겠다.

저녁 무대에는 여가수 재키 스코트(Jacqui Scott)가 출연했다. 여러 뮤지컬에도 출연했다는 이 여가수는 음성이 특이하고 풍부했다. 공연이 끝난 뒤에 디스코텍에 들렀더니 사람들이 열렬히 춤추고 있었다. 나에게도 젊음을 춤으로 풀어내던 그런 때가 있었다.
자정이 되니 모두가 끝나고 침묵이 흘렀다.

2019년 4월 20일, 토요일, 맑다가 비가 옴

오늘은 1시간을 뒤로 조정해서 1시간씩 늦게 시작되었다. 해돋이를
보려고 갑판에 나가니 아직 달이 떠 있었다. 한편에선 해가 떠오르니
도무지 만나지 못할 줄 알았던 해와 달이 한 하늘에서 만나 유난히
밝았다. 한자로 明(명)은 밝다는 뜻인데, 풀어보면 해와 달이 함께
있는 모양이다. 호랑이를 피해 도망하던 오누이가 하늘이 내려준
동아줄을 타고 올라가 오빠는 해가 되고 여동생은 달이 되었다지.
겨우 목숨을 구했으나 서로 만나지 못하는 사이가 되었다지. 여동생이
밤이 무섭다고 해서 서로 바꾸었다지. 해가 된 여동생은 사람들이
쳐다보는 것이 부끄러워 눈부시게 했다지. 오누이가 만나서 유난히
눈부신 아침이었다. 이런 날에는 많은 사람들이 갑판에 나와 선탠을
했다. 선탠은 유럽 사람들이 가장 즐기는 것으로 하루 종일이라도
햇볕에 피부를 그을린다. 여기저기 자리를 펴고 저마다 편한 자세로
살을 내놓고 있다. 해가 된 여동생이 부끄러워할 풍경이다.
딸 모나가 보내온 동영상을 보니, 힐다는 혼자서도 자전거를 잘 타고,
유나는 걸음마를 시작해서 한 발 한 발 떼느라 애쓴다. 사랑스런
아이들이 참 많이 컸다. 이제 곧 크루즈 세계 일주 여행이 끝나니
아이들과 만날 수 있다. 기다려진다.
오늘은 파독간호사 류현옥의 『국경선의 모퉁이』를 읽었다. 같은

입장이라 동감하는 내용들이 많았다.

오후에 한바탕 비가 쏟아지고 개었다. 여기저기서 물기를 닦느라 분주했다. 비 갠 바다는 잔잔했다. 벌써 여러 날 망망대해를 항해하는 잔잔한 일상에 활력이 필요했다. 이런 때에 돌고래 떼를 만나는 행운이 오면 좋으련만 하던 순간이었다. 배 옆으로 돌고래 떼가 나타나 나란하게 헤엄쳤다. 내 마음을 어찌 알았을까. 환호성을 지르며 급히 사진을 찍으려는 순간, 멀어져 갔다. 짧지만 흥분되고 당황스런 순간이었다. 잔잔하던 바다가 울퉁불퉁한 파도를 일으켰다. 돌고래들이 멀어져 간 쪽을 하염없이 바라보았다.

저녁 무대에는 영국에서 유명한 코미디언 마이크 도일(Mike Doyle)이 출연했다.

2019년 4월 21일, 일요일, 맑음

오늘은 부활절이다. 오전에 개신교 예배는 7시 반, 가톨릭 예배는 8시, 전체 예배는 10시에 있었다.

오전 7시 반, 데크11에서 진행된 예배에 참석했다. 약 15명 정도가 모였다. 부활절을 기념해 해돋이를 보면서 기도하려고 모였는데 구름이 끼어 해돋이는 보지 못했다. 영국인 목사가 인도했는데, 대서양을 바라보면서 진행된 부활절 예배가 매우 인상적이었다. 천지창조의 감격과 감동이 함께하는 아침이었다.

중앙 입구에 놓인 커다란 부활절 장식이 근사했다. 많은 사람들이 이 장식을 배경으로 사진을 찍었다. 유럽인들에게 예수 부활을 축하하는

데크11에서 진행된 부활절 예배.
중앙 입구에 놓인 커다란 부활절 장식.

부활절은 예수 탄생을 축하하는 성탄절 다음으로 큰 명절이다. 부활을 상징하는 달걀을 나무에 매달거나 여러 모양으로 장식한다. 선물을 교환하기도 하고, 카드로 인사를 보내기도 한다.

저녁에는 부활절 무도회가 있었다. 부활을 의미하는 장식으로 한껏 단장한 무도회장에서 여러 친구들과 어울려 즐겁게 춤을 추었다. 저녁 무대에는 오페라 가수 로이 룩(Roy Lock)이 출연했다.

우리는 방으로 돌아와 침대 위에 놓여진 내일 프로그램을 살펴보았다. 내일도 유익한 프로그램이 풍부했다. 특히 음악 관련한 것이 많았다.

2019년 4월 22일, 월요일, 맑음

커튼 사이로 어둠이 깔린 바다를 내다보다가 발코니로 나갔다. 유난히 밝은 빛을 내는 별 하나가 떠 있었다. 혼자 보기 아쉬워 남편을 깨웠다. 둘이 함께 한 곳을 보는 것이 사랑이라 했던가. 가슴 깊이 뜨거운 감사가 솟아났다.

점심으로 독일 음식이 나와서 많은 사람들이 모였다. 이번이 세 번째로 일일이 나열할 수 없을 만큼 풍부했다. 생전 먹어보지 못한 사람들처럼 야단법석이었다. 가만히 보고 있노라니 옛날 생각이 났다. 한국 음식이 그리워 양배추로 김치를 담가 먹던 일. 김치 냄새가 지독하다며 멀리하던 독일인들. 이제는 추억거리지만, 그때 당시는 안타깝고 고달픈 현실이었다. 어쩌다 한국 음식을 구한 날이면 친구들과 모여 앉아 오손도손 먹었다. 추억도 그리움도 함께 먹었다. 고향은 늘 그립고 보고 싶고 또 가고 싶은 곳이다. 음식도 마찬가지다.

부활절 무도회.
뉴올리언즈 재즈 그룹 연주.

수북하게 두 그릇이나 들고 온 남편 얼굴에 웃음이 가득했다.

저녁에는 두 번째로 별 관찰 프로그램이 진행되었다. 배의 조명을
모두 끄니 은가루를 뿌려 놓은 것같이 빛나는 별밭이 펼쳐졌다.
일제히 하늘만 올려다보며 조나단 워드 선장의 설명에 따라 이리저리
고개를 돌릴 뿐 조용했다. 사람이 죽으면 별이 된다는데, 반짝반짝
먼저 간 사람들 영혼이 우리를 지켜보고 있는 것일까? 이미 별이 된
부모님, 오빠 그리고 친구들이 생각났다. 거기서 보고 있나요? 잘
지내죠? 눈물이 흘렀다. 갑자기 별똥별이 떨어졌다. 어디로
떨어졌을까? 윤동주 시인의 「별 헤는 밤」이 떠올랐다.

별 하나에 추억(追憶)과

별 하나에 사랑과

별 하나에 쓸쓸함과

별 하나에 동경(憧憬)과

별 하나에 시(詩)와

별 하나에 어머니, 어머니

오늘은 재즈의 밤으로 골든 라이온 펍(Golden Lion Pub)에서
뉴올리언즈 재즈 그룹의 연주가 있었다. 재즈를 좋아하는 남편과 함께
잠깐 들러 감상했다. 트럼펫, 트럼본, 클라리넷, 기타, 섹소폰, 드럼,
피아노 등 여러 악기들이 독특하게 어우러졌다. 잘 어울리지 못하면
시끄러운 소음이겠지만, 잘 어우러지면 어느 음악보다 생동감을 주는

것이 재즈다. 독창적이고 즉흥적인 음악이다.

2019년 4월 23일, 화요일, 맑음

간밤에 기온이 뚝 떨어져 추웠다. 스웨터를 꺼내 입었다. 내일이면
8일간의 긴 항해가 끝나서 육지를 걸으며 흙 냄새도 맡고 꽃도 나무도
산도 볼 수 있다.

오후에 파빌론 풀(Pavillon Pool)에서 이색 배 시합이 있었다. 단체 및
개인이 만든 재미나고 엉뚱한 배를 수영장에 띄워 한 바퀴 돌아오는
경기였다. 배 모양과 속도 그리고 어떻게 만들었는지 등을 종합해서
평가했다. 어느 부부가 만든 큐나드 캣(Cunard Cat)을 비롯해
독창적인 배들이 열전을 벌였다. 결승전에서 배 3척이 경합해 중국인
단체가 만든 식스밴드(Sixband)가 1등을 차지했다. 이 단체는
응원까지 준비한 극성파로 큰 박수를 받았다.

오늘은 카니발무도회(The Carnival Ball)가 있었다. 멋진 마스크와
멋진 가발 그리고 멋진 의상들을 입고 무도회를 즐겼다. 어느 부부는
엄청난 부피를 뽐내는 화려한 의상을 입어 눈길을 끌었다.

저녁 무대에서는 오페라 성악가 로이 록(Roy Locke)과 코미디언
마이크 도일(Mike Doyle)이 화려하게 협연했다.

2019년 4월 24일, 수요일, 맑음

아침 8시, 우리 배는 그란카나리아의 수도 라스팔마스(Las Palmas)
항구에 도착했다. 창밖을 보니 항구 불빛도 보이고 집들도 산도

파빌론 풀에서 열린 이색적인 배 시합.

보인다. 장장 8일간 쉬지 않고 달려온 크루즈의 엔진이 꺼졌다.
오랜만에 투어할 것을 생각하니 설레였다.

그란카나리아는 스페인 카나리아제도에서 세 번째로 큰 섬이다.
아프리카에 더 가까우며 모로코 옆에 위치한 이 섬은 중앙부에
1950미터 사화산 로스페초스산이 우뚝 솟아 있다. 사막과 바다를
동시에 즐길 수 있는 휴양지로 기후가 따뜻하고 온화해 사계절 내내
관광객이 끊이지 않는다. 해변에서 쉬면서 놀거나, 경이로운 화산에
오르거나, 전통 마을을 둘러보거나 무엇을 해도 실망할 일 없는
섬이다.

우리는 앙겔리카 부부와 함께 택시로 투어했다. 섬의 북쪽 방향
해변가를 돌아 산과 계곡을 돌아보는 코스다.

첫 번째로 테로(Terro)라는 작은 동네를 방문했다. 전형적인 바로크
스타일 건물들이 잘 보전된 곳으로 이 섬에 오면 꼭 들러야 하는
곳이다. 시내를 벗어나 높은 산으로 가는 계곡에 봄이 왔는지 노랑,
빨강, 자주, 분홍 들꽃들이 흐드러지게 피었다. 고불고불 길을 돌
때마다 풍경이 아름다워 감탄사가 절로 나왔다. 산말랭이에 올라서니
꽃핀 넓은 벌판이 바다까지 유연하게 뻗쳤다. 앙겔리카네 별장이 있는
인근 테네리화(Teneriffa)섬도 보였다.

산등성이 반대편으로 내려가는 길은 올라온 길보다 더 고불고불했다.
가이드를 겸한 운전기사는 아래 보이는 동네까지 내려가는 데 1시간이
걸린다고 했다. 미국 애리조나(Arizona)가 연상될 만큼 절묘한
바위들과 낭떠러지 그리고 스릴 만점인 고불길이었다. 길 폭도 넓지

크루즈에서 본 라스팔마스 항구.

라스팔마스 전경.

전형적인 바로크 스타일 건물들이 잘 보전된 작은 동네, 테로.
산말랭이에 올라서서.

정상에서 본 광활한 전경.
산등성이 반대편으로 내려가는 길.

항구에서 크루즈 친구들과 함께.
갑판에서 멀어지는 그란카나리아를 보며.

않아 반대편 차가 비켜갈 때면 아찔했다. 모든 것을 운전기사에게
맡기고 환상적인 풍경을 만끽하면서 사진 찍는 데 전념했다. 정말
1시간이 걸렸다. 다 내려와서 올려다보니 산 중턱을 깎아 만든 길이
뱀처럼 고불고불했다. 안도의 숨을 내쉬면서 운전기사에게 고맙다는
인사를 건넸다.

운전기사가 소개해준 현지 식당에서 점심 식사를 했다. 싱싱한 생선을
보니 즐거운 비명이 나왔다. 오징어, 낙지, 갖가지 생선들. 잔칫상같이
욕심껏 이것저것 시켰다. 와인을 곁들여 배불리 먹었다.

마지막 코스로 해변을 돌아보았다. 아쉽게도 남편과 사랑을 약속했던
첫 여행지 푸에르토리코(Puerto Rico)는 그냥 지나쳤다. 이름만
들어도 반갑고 추억이 되살아나 우리는 눈으로 추억의 인사를
나누었다. 39년 전의 일이지만 추억은 생생했다.

오후 6시, 항구로 돌아와 입구에서 입국 검사를 받았다. 나갈 때는
크루즈 전용카드만 있으면 되지만 들어올 때는 비행기 입국 검사와
같은 절차를 거쳐야 했다.

갑판에서 그란카나리아와 이별했다. 우리의 두 번째 추억이 된
그란카나리아여, 안녕. 다음을 기약하면서 손을 흔들었다.

저녁 무대에는 남자 4명으로 구성된 더 포디스(The Four D's)가
출연했다.

긴 세월을 변함없이 짝꿍으로 산 세월에 감사하고 또 앞으로도
변함없기를 기대하며 먼저 잠이 든 남편을 바라보았다. 오늘은 코고는
소리까지 듣기 좋았다.

2019년 4월 25일, 목요일, 맑다가 흐림

어제부터 시작된 센 바람으로 배가 많이 흔들렸다. 외투에 목도리까지 둘러야 할 날씨였다. 먹장구름이 해를 막아 바다에 그늘이 질 때는 성난 것 같다가도, 햇빛이 내리쬘 때는 번들번들하게 웃는 것 같았다. 바다의 변화무쌍한 마음은 알다가도 모르겠다.

우리는 브리타니아 주식당에서 점심을 먹었다. 무슨 음식이라도 잘 먹는 편인데다 여행 중 몇 번이나 한국 음식을 먹었는데도 집이 가까워지니 한국 음식이 더욱 그리웠다.

집에 가면 가장 먼저 할 일이 김치 담는 일이다. 언제나 여행에서 돌아오면 남편은 나보다 먼저 배추와 김치 재료들을 사온다. 한국 음식에서 김치는 상징적이다. 푸성귀를 소금에 절이고 마늘, 생강, 고춧가루 따위와 젓갈을 넣어 버무린 다음 잘 숙성해서 먹는 건강식이다. 싱싱한 김치를 먹을 생각에 벌써부터 입에 침이 고인다.

오후 티타임에 함부르크 친구들과 만났다. 여행이 끝나가니 아쉬운 마음이 많아서 수다도 길었다.

9층 갑판에 오르니 곧 들이닥칠 강풍에 대비해 책상, 의자 등 모든 물건들을 밧줄로 꽁꽁 묶어 매고 있었다. 성난 바다가 하얗게 파도를 토해낼 때마다 배가 이리저리 흔들렸다. 남성적 기질 아니랄까 봐 대서양이 으스대었다. 성내거나 온유하거나 나는 바다가 좋다. 바다를 보면 내가 얼마나 작은지 깨닫게 된다. 겸손해진다.

저녁 무대에는 코미디언 존 어반스(John Evans)가 출연했다.

2019년 4월 26일, 금요일, 맑음

아직도 파도가 높아 배가 많이 흔들렸다. 여행이 끝나가니 여러 가게에서 세일을 했다. 시계, 패물, 화장품, 인형, 티셔츠, 과자, 초콜릿 등 세일을 하는 물건을 사려고 사람들이 북적댔다.

크루즈 측에서 세계 일주 여행자들에게 추억이 담긴 선물과 여행 루트가 새겨진 지도 따위를 나누어 주었다.

오늘 저녁에는 중앙홀에서 세계 일주 여행자들을 위해 토마스 코넬리(Tomas Connery) 선장이 초대하는 로얄 애스콧 무도회(The Royal Ascot Ball)가 있었다. 이것으로 크루즈 측 공식적인 행사가 모두 끝났다. 무도회장은 화려하게 장식되었고, 만찬 식탁엔 입맛을 돋우는 귀한 음식들이 가득했다. 선장과 그 일행들이 일일이 악수로 인사를 했다. 어느 순간 무도회장이 조용해지고 선장이 이별 인사를 했다. 그동안 세계 일주 여행을 위해 수고한 사람들을 영상으로 소개했다. 고마운 그들의 수고에 박수를 보냈다. 마지막으로 모든 여행을 잘 끝냈다는 의미로 케이크를 잘랐다. 멋진 이별 파티였다. 나는 분홍색 한복을 입어 눈길을 끌었다. 이 사람 저 사람에게 한국 전통 의상인 한복을 설명하느라 잠시 바빴다. 식사 시간에는 주방 담당자들, 웨이터들, 와인 담당자들에게도 수고의 박수를 보냈다. 마지막 밤을 이러저러하게 즐기며 아쉬움을 달랬다.

저녁 무대에는 전속 팀 로얄 코트 씨어터 컴퍼니가 출연했다. 여러 번 보았지만 오늘 쇼는 유난히 화려했다. 이별 무대여서 그런지 한 사람 한 사람 모두 인상 깊었다.

중앙홀에서 열린 로얄 애스콧 무도회.
로얄 코트 씨어터 컴퍼니 공연.

침대에 누워서도 이런저런 생각들이 잠을 늦추었다. 뒤숭숭했다. 바람
소리가 횡횡 들렸다. 배가 이리저리 흔들렸다. 퀸 빅토리아 크루즈
세계 일주 여행을 무사히 마칠 수 있어서 기쁘고 감사했다. 아름다운
여행이었다. 내 마음 속에 많은 이야기를 남겨주었다. 그 아름다운
이야기를 두고두고 기억해야지.

2019년 4월 27일, 토요일, 흐림

얼마나 바람이 세길래 이 큰 배가 이리도 흔들릴까. 아무리 인간이
만물의 영장이라 해도 자연의 힘은 막을 수 없다. 흔들리면서도
앞으로 나아가는 퀸 빅토리아처럼 자연에 순응하는 것이 얼마나
지혜로운지 깨닫는 아침이었다.

짐을 복도에 내놓으라 해서 짐 싸기를 시작했다. 왠지 마음이
허전했다. 세계를 일주했다는 것은 인생에서 가장 의미 있는 일이 될
것이다. 많은 곳을 보고 경험한 이야기를 책으로 엮어도 좋을 것이다.
이것저것 빠짐없이 챙겨 짐을 쌌다. 복도에 짐을 내놓으니 우리 방이
부쩍 한가해졌다.

오전에 크루즈에서의 마지막 영화 〈위대한 쇼맨(The Greatest Show-
man)〉을 보았다.

오후에는 합창단 발표가 있었다. 여행하는 도중에 틈틈이 연습해서
멋진 공연을 펼친 단원들에게 아낌없는 박수를 보냈다.

오늘은 여왕홀(Queens Room)에서 밤 파티가 열렸다. 다들 아쉬운
마음은 똑같은지 오늘따라 춤추는 사람들로 가득했다. 서로서로

합창단 발표.
여왕홀에서 열린 밤 파티.

마지막 인사를 나누었다.

저녁 무대에는 코미디언 존 어반스와 여가수 제오 테일러(Zoe Tyler)가 출연했다.

2019년 4월 28일, 일요일, 흐림

이른 아침에 영국 사우샘프턴 항구에 도착했다. 세계를 향해 떠났다가 4개월 만에 다시 돌아오니 낯익은 풍경이지만 감회가 새로웠다. 1월 10일 사우샘프턴을 떠날 때는 추웠는데, 벌써 꽃들이 예쁘게 피었다. 유채화가 만발해 온통 노란색 들판이 펼쳐졌다. 항해하면서는 돌고래, 날으는 물고기, 바다 거북 등 반가운 생명들을 키워낸 바다가 새삼 고마웠는데, 이곳에서는 화사한 꽃들을 피워낸 대지가 새삼 고마웠다.

우리는 마지막 투어로 로얄 윈저성(Royal Windsor Castle)을 방문했다. 버스로 이동하면서 안내인의 간략한 설명이 있었다. 템즈강가에 있는 로얄 윈저성은 항구에서 1시간 정도 거리고 런던(London)에서도 멀지 않다. 런던 버킹엄 궁전(Buckingham Palace), 에든버러(Edinburgh) 홀리루드 궁전(Holyrood Palace)과 함께 공식 왕실 거주지로 가장 크고 가장 오래된 성이다. 소유자는 공식적으로 여왕 엘리자베스 2세다. 영국 왕실 가족들이 결혼 및 여러 행사를 하기도 하며, 관광객이 많아 항상 북적인다. 최근 이 성에서 헤리 왕자가 결혼해 더 많은 관광객들이 찾는다. 안내인이 독일인이어서 다행히 잘 알아들었다.

버스가 윈저시에 도착했다. 빅토리아 여왕 동상을 중심으로 도시가 아담하게 들어서 있었다. 고풍스런 건물과 아기자기한 거리가 전형적인 유럽풍 도시였다. 윈저성에 도착하니 쌀쌀한 날씨에도 방문객이 많았다. 1시간 정도 기다려서야 성에 들어갈 수 있었는데, 공항처럼 절차가 복잡한 개인 검사까지 받아야 했고 사진 촬영도 금지되고 시간도 빠듯해서 눈요기하듯 대강대강 둘러보았다. 성 조지 홀(St.Georges Hall)은 문이 닫혀서 들어가지도 못하고 밖에서 사진만 찍었다. 성을 나와서 빠른 걸음으로 시내를 돌아본 뒤 서둘러 버스로 갔지만 10분 정도 늦어버렸다.

함께 투어한 사람들이 제대로 보지 못했다고 불평하자 주최 측에서 30퍼센트를 할인해 주었다. 아무래도 대부분 노년이어서 1시간 정도를 기다린다는 것은 무리였는데 그래도 유명한 윈저성의 봄을 보았으니 다행이었다.

배로 돌아와서 마지막 짐을 정리하고 리도 갑판에 나가니 자매 배인 퀸 메리가 보였다. 1,500여 명이 이곳에서 내렸다. 미국, 캐나다로 가는 사람들은 퀸 메리로 갈아탔다. 또한 같은 수가 함부르크를 거쳐 러시아(Russia) 상트페테르부르크(Saint Petersburg)로 가기 위해서 퀸 빅토리아에 탔다. 여행이 끝나는 사람들과 여행이 시작되는 사람들로 사우샘프턴 항구는 분주했다.

저녁 무렵 우리 배가 움직이기 시작했다. 우리는 멀어져가는 사우샘프턴 항구를 향해 손을 흔들었다. 멀어져가는 퀸 메리도 우리를 향해 손을 흔들었다. 한참 동안을 발코니에 서 있었다. 가슴이 뭉클했다. 괜스레 눈물이 나왔다.

윈저시 거리 풍경.
윈저시와 로얄 윈저성.

로얄 윈저성.
로얄 윈저성과 관광객들.

근위병 교대식과 관광객들.
로얄 윈저성과 관광객들.

자매 배인 퀸 메리.
로얄 코트 씨어터 컴퍼니의 환영 공연.

저녁 무대에는 '여러분은 우리 손님입니다(Be our Guest)'라는 주제로 전속 팀 로얄 코트 씨어터 컴퍼니의 환영 공연이 있었다. 새 손님들이 박수로 환호했다.

2019년 4월 29일, 월요일, 맑음

아침에 눈을 뜨니 새날을 알리는 해가 눈부셨다. 어제와 변함없는 바다인데 왠지 오늘 아침 바다는 어제 그 바다가 아닌 것 같았다. 많은 가르침을 준 바다. 여유와 생각 그리고 쉼을 가져다준 바다. 언젠가 다시 만날 수 있기를 바라며 바다를 향해 소리쳤다. 바다야, 고마워. 오후 티타임에서 안드레아가 자신의 친구를 소개했다. 그녀는 함부르크에 사는데 친구를 놀래주려고 연락도 없이 어제 사우샘프턴에서 퀸 빅토리아에 탔다고 했다. 여행 전에 갑자기 남편이 죽어서 혼자 힘들게 세계 일주 여행을 한 안드레아를 위해 함부르크까지 동행하려는 것이었다. 친구를 배려하는 따뜻한 마음이 고스란히 느껴졌다. 서로 손을 꼭 잡고 가슴에 서로를 품고 등을 토닥거리는 모습을 보니 덩달아 눈시울이 뜨거워졌다. 안드레아의 눈에 눈물이 고였다. 참 좋은 친구, 좋은 우정이었다. 이번 여행을 함께한 함부르크 친구들과 이별의 차를 마시면서 서로를 안아주었다. 돌아가서도 꼭 만나자고 다짐했다. 약속하는 사진도 찍었다. 우리 방에서도 식탁 친구들과 이별 파티를 했다. 그동안 정이 든 친구들과 오늘을 위해 아껴두었던 술을 마시며 아쉬움을 달랬다. 이런저런 기억들을 꺼내며 웃고 떠들었다. 모두가 불그레해졌다.

여행이 끝난 뒤에도 계속 만나자고 약속했다.

마지막 무도회를 위해 화장을 하고 우아한 옷으로 갈아 입었다. 오늘 저녁을 맘껏 즐기자면서 세 부부는 브리타니아 주식당에 앉아 와인잔을 높이 들었다. 천천히 식사하면서 크루즈 음식에도 이별을 고했다. 서비스 만점인 웨이터들에게도 이별을 고했다.

식당을 나오면서 뒤돌아보니 금세 말끔하게 치워서 우리 식탁 위에는 아무 것도 없었다. 내일이면 주인도 바뀌겠지.

마지막으로 나란히 앉아서 저녁 쇼를 감상했다. 4명의 남자들로 구성된 리볼버즈(The Revolvers)가 60년대 추억의 음악을 들려주었다. 추억은 언제나 마음을 흐뭇하게 한다. 오늘도 그런 추억이 될 것이다.

방으로 돌아와 남편은 마지막 남은 맥주를 들고, 나는 맹물을 들고 발코니에 나갔다. 서로에게 고맙다면서 컵을 부딪쳤다. 서로 꼭 안아 주었다. 다 마셔버린 맥주 병 속으로 바닷바람이 스며들어 쉐쉐 소리가 났다.

남편 목소리가 따스했다. 남편과 함께한 크루즈 세계 일주 여행은 영원히 잊지 못할 나들이였다. 크루즈가 집이 되어 주어서 동네 마실가듯 여러 나라 여러 도시를 구경할 수 있었다. 남편은 먼저 잠이 들었고, 나는 좀더 상념에 젖었다.

1974년 간호사로 독일에 온 뒤로 어느새 3명의 손자 손녀까지 둔 할머니가 되었다. 가방 하나 들고 떠나와서 이렇게 세계 일주까지 하며 살게 되었다. 분명 바다가 그리워질 것이다. 반짝반짝 별들도 그리워질 것이다.

여행을 함께한 함부르크 친구들과 이별의 차를 마시며.
크루즈 식탁 친구들과의 이별 파티.

2019년 4월 30일, 화요일, 맑음

자욱한 안개 속에서도 금방 알아볼 수 있는 함부르크 항구가 우리를
맞이했다. 고향에 돌아왔는데도 왠지 마음이 어수선했다. 집에
도착했다는 기쁨도 있지만, 여행이 끝났다는 것 때문인지 마음이
허전했다. 꿈인지 현실인지 분간하기 어려웠다. 끝은 또 다른
시작이니 마음을 단단히 추슬러야지. 시계를 보니 아직 오전 6시가 못
되었다. 정박하려고 배가 천천히 움직였다. 드디어 함부르크
알토나(Altona)다.

남편을 깨워 간단하게 아침 식사를 하고 나머지 짐들을 정리했다.
안타깝게도, 유나가 아파 병원에 가야 해서 딸이 마중하러 못 온다고
했다. 아픈 유나가 걱정이었다. 캐나다에서 휴가 온 아들네가 마중을
나왔다. 저쪽에서 아들네 식구들 기도, 아나리아, 힐다, 쿠어트가 손
흔드는 게 보였다. 손녀손자들이 그동안 많이 컸다. 딸네 가족까지
왔더라면 더 좋았을 것을….

내리기 전에 다시 한번 함부르크를 배경으로 배의 이곳저곳을 사진에
담았다. 출구에 있는 카드 확인기에 내 크루즈 카드를 투입하고
나왔다. 주차장에 나오니 사람들이 다 가버렸는지 가방 몇 개밖에
없었다. 이제 정말 세계 일주 여행이 끝났다.

우리와 함께 지구 한 바퀴를 여행한 퀸 빅토리아가 오늘따라 더 크게
보였다. 저 배와 함께했던 추억이 가슴속 깊이 파고들었다. 퀸
빅토리아를 향해 마지막으로 손을 흔들었다. 아침 햇살이 퀸
빅토리아를 비추었다. 눈부시게.

반가운 함부르크 항구.
함부르크 항구에 도착한 퀸 빅토리아.

크루즈를 떠나며.
마중나온 가족들.

세계 일주 여행 증명서(379, 380쪽).

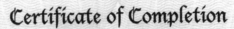

Certificate of Completion

ORDER OF THE DITCH

KNOW ALL YE BY THESE PRESENTS AND TO ALL MOSQUITO BITTEN,
MALARIAL RIDDEN SALTS OF THE SEVEN SEAS,
A TRANSIT OF THE PANAMA CANAL WAS COMPLETED
ON THE GOOD AND TRUSTY SHIP QUEEN VICTORIA ON 27TH JANUARY 2019

2019

Captain Andrew Hall

무사히 114일간의 세계 일주를 마쳤다. 여러 나라 여러 도시를 돌아온 이 여행은 세계 일주 여행 증명서에 고스란히 담겼다. 길고 긴 여행이었다. 아, 아름다운 여행이었다. 고마워, 퀸 빅토리아.

마치며

갈 때는 나뭇잎이 다 떨어져 가지만 앙상했는데, 돌아왔을 때는 연초록 잎이 돋아난 나무들이 봄을 알리고 있었다. 114일간 만나게 될 미지의 세계에 대한 기대와 호기심을 가득 안고 세계를 향해 떠났는데, 어느덧 길고 긴 날, 멀고 먼 길을 돌아 제자리로 돌아왔다. 여행은 낯선 것에 대한 무한한 동경이요, 풀어보지 않은 비밀 보따리다. 보따리를 풀 때마다 신비한 선물처럼 나타난 낯선 땅, 낯선 사람들, 낯선 언어, 낯선 문화를 경험했던 것이야말로 큰 행운이요 큰 선물이었다. 갈 때는 다 버리고 오리라 했는데, 오히려 더 많은 이야기와 추억들을 안고 돌아왔다. 마치 긴 꿈을 꾼 것처럼 여행 후유증에 빠졌다. 가도 가도 끝이 없는 광활한 바다와 눈물나도록 아름답던 하늘 그리고 저멀리 나타나는 육지는 그저 위대한 천지창조요 자연의 신비였다.

일상생활을 중단하고 내 삶을 되돌아보면서 꿈틀대는 내 안의 소리에 귀 기울였다. 영혼과 육체에 긴 쉼을 줄 수 있었다. 물고기 떼와 바닷새들을 보면서 책을 읽는 여유도 맛보았다. 소설 같았던 여행은 끝났지만, 그 찬란했던 해돋이와 석양, 은가루 금가루를 뿌려 놓은 것 같았던 밤하늘, 그리고 수많은 추억들은 한 편의 시가 되어 내 가슴에 영원히 남아 있다. 세계 일주 여행이라는 대단원의 페이지를 닫으며, 아직 펼쳐보지 않은 새 보따리를 엿본다.

아름다운 여행이었다.

이영남은 1952년에 충청남도 공주에서 출생했으며, 1974년에 대전간호학교(현 대전과학기술대학교)를 졸업하고, 같은 해 11월에 간호사로 함부르크에 파견되었다. 1982년에 일반내과 전문의 볼프강 슈미트와 결혼해 아들 기도와 딸 모나를 두었고, 3명의 손자손녀를 두었다. 함부르크 여성회장, 함부르크 한인학교장을 역임했고, 재독한글학교협의회 및 유럽한글학교협의회에서 활동했다. 몇몇 글 공모전에 당선되었다. 저서로는 한국에서 출판된 『하얀꿈은 아름다웠습니다』(동심방, 2012), 독일에서 출판된 『Yongi oder die Kunst, einen Toast zu essen』(2018)이 있다. 현재, 독일 교포신문 기자로 활동하고 있다.

114일간의 세계 일주
퀸 빅토리아 크루즈로 지구 한 바퀴를 돌다

2020년 10월 9일 초판 1쇄 발행
이영남 쓰고, 찍고, 엮다

발행 연장통, 출판등록 제16 3040호, 경기도 파주시 청암로 28, 815-803, 전화 070 7699 4950,
팩스 031 8070 4950, www.yonjangtong.com

ⓒ 이영남, 2020
ISBN 979 11 88715 03 9 (03980)

이 책의 국립중앙도서관 출판예정도서목록(CIP)은 서지정보유통지원시스템
홈페이지(http://seoji.nl.go.kr)와 국가자료공동목록시스템(http://www.nl.go.kr/kolisnet)에서
이용할 수 있다.
(CIP제어번호: CIP2020038135)

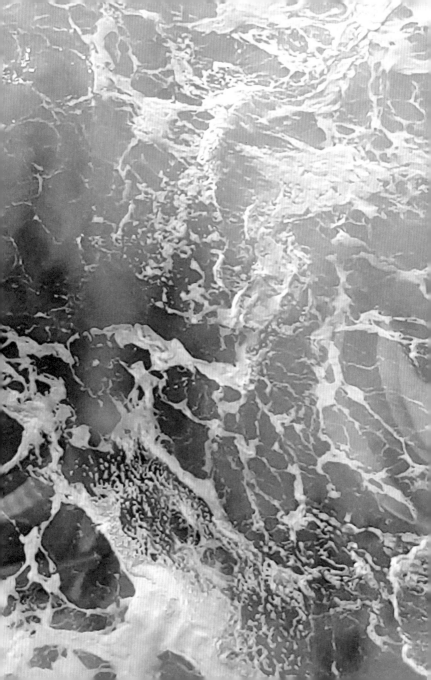

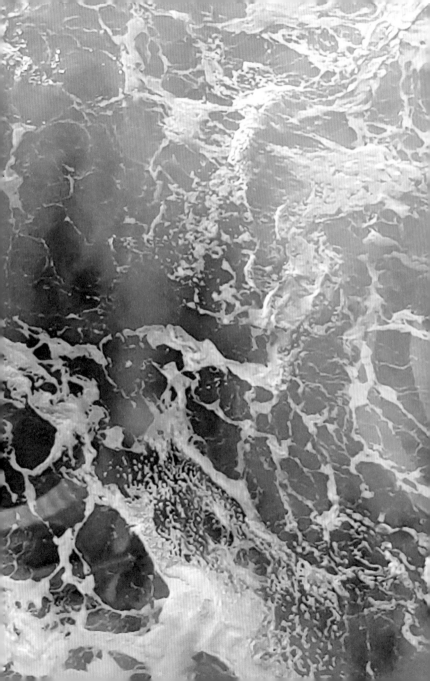